公园路边
野菜轻松识
一眼认出食用野菜

郑丽妞 ⊙著
王意成 ⊙主审

U0194756

中国水利水电出版社
www.waterpub.com.cn
·北京·

内 容 提 要

野菜具有绿色无污染、营养价值高及风味独特等特点在衣食丰盛的今天，大受人们的青睐。野菜中不仅含有多种人体生长所需的营养素，还有很好的养生功效和药用价值。

本书收录了200多种药用野菜，并配有高清大图，能够从整体或细节方面帮你准确定位。具体到每一种野菜，从别名、科属、分布、形态特征、生长环境、食用部位、食用方法和药用功效8个方面进行详细介绍，让你吃得放心且更有针对性。另外，本书还详细介绍了野菜的采摘季节、采摘技巧及采摘野菜的注意事项，让你在采摘野菜的过程中能够更加得心应手。同样本书还贴心为你介绍了野菜的几种常见食法，可以满足不同口味的需求。

本书适合于植物爱好者或对学习辨识野菜感兴趣的人，适合于青睐采摘野菜食用的人，可作为识别或采摘常见野菜的工具书和科普读物。

图书在版编目（C I P）数据

公园路边野菜轻松识 ： 一眼认出食用野菜 / 郑丽妞著. -- 北京 ： 中国水利水电出版社，2017.4
ISBN 978-7-5170-5038-4

Ⅰ. ①公… Ⅱ. ①郑… Ⅲ. ①野生植物－蔬菜－基本知识 Ⅳ. ①S674

中国版本图书馆CIP数据核字 (2017) 第006782号

策划编辑：杨庆川　　责任编辑：杨元泓　　加工编辑：张天娇

书　　名	公园路边野菜轻松识：一眼认出食用野菜 GONGYUAN LUBIAN YECAI QINGSONG SHI:YIYAN RENCHU SHIYONG YECAI
作　　者	郑丽妞　著　王意成　主审
出版发行	中国水利水电出版社 （北京市海淀区玉渊潭南路 1 号 D 座　100038） 网　址：www.waterpub.com.cn E-mail：mchannel@263.net（万水） 　　　　sales@waterpub.com.cn 电　话：（010）68367658（营销中心）、82562819（万水）
经　　售	全国各地新华书店和相关出版物销售网点
排　　版	北京创智明辉文化发展有限公司
印　　刷	联城印刷（北京）有限公司
规　　格	170mm×240mm　16开本　15.25印张　380千字
版　　次	2017年4月第1版　2017年4月第1次印刷
印　　数	0001—5000册
定　　价	68.00元

前言

　　野菜是指自然生长而非人工种植的可以食用的植物。在灾荒年月，野菜发挥了其充饥果腹的作用，而在衣食丰盛的今天，野菜同样大受人们青睐。这主要是因为野菜具有绿色无污染、营养价值高及风味独特等特点。

　　野菜大多生长于远离城区的野外，生长环境较少受到各种污染，且没有人工干预，不存在化肥和农药残留等问题，因而是纯天然的绿色食物。野菜还含有多种人体生长所需的营养素，如碳水化合物、蛋白质、脂肪及各种维生素和矿物质等，具有很好的养生功效。例如，荠菜具有清热利水、凉血止血的功效，蒲公英具有抗菌消炎、清热消肿的功效。除了食用价值，某些野菜还具有一定的药用价值，如马齿苋能够调节人体糖代谢的过程，因而对糖尿病有一定的辅助治疗作用；蕨菜具有利尿安神、降气化痰的功效，对心神不安、咳嗽痰喘患者很有益。

　　既然野菜有那么多的好处，我们应该怎样采摘呢？野菜又有哪些食用方法呢？采摘野菜，首先要认识野菜。本书收录了200多种药用野菜，并配有高清大图，能够从整体或细节方面帮你准确定位。另外，本书还详细介绍了野菜的采摘季节、采摘技巧及采摘野菜的注意事项，让你在采摘野菜的过程中能够更加得心应手。野菜采摘回来后就是准备食用了，本书贴心为你介绍了野菜的几种常见食法，可以满足不同口味的需求，还可以让你变着花样吃野菜。具体到每一种野菜，本书从别名、科属、分布、形态特征、生长环境、食用部位、食用方法和药用功效8个方面进行了详细介绍，让你吃得更放心，也更有针对性。

　　采摘野菜不仅是为了食用，也是身心与大自然的一次亲密接触，可以让我们更加了解大自然、热爱大自然，同时，也让我们更懂得保护大自然。相信本书能够为你识别野菜、采摘野菜及食用野菜提供有益的帮助。

阅读导航

介绍野菜的别名、科属及其分布，让读者对野菜有一个初步的了解

薤白

别名：小根蒜、团葱、山蒜

科属：百合科葱属

分布：除新疆、青海外，全国各地均有分布

详细介绍野菜的植株、茎、叶、花、果等知识，更利于读者识别野菜

形态特征

◎ 多年生草本植物。植株高可达 70 厘米；叶 3~5 片基生，细长，呈线形，叶端渐尖，基部呈鞘状，上面有沟槽，长 20~40 厘米，宽 3~4 毫米；圆柱状的花葶从叶丛中抽出，高 30~70 厘米；伞形花序顶生，上面着生多数花，呈半球形至球形；花被片为淡粉色或淡紫色，有 6 枚，呈长圆状披针形至长圆状卵形，长 4~5 毫米；鳞茎白色略带黑色，外皮膜质或纸质，近球形；花期 6~8 月，果期 7~9 月。

生长环境

◎ 多生于海拔 1500 米以下的丘陵、山坡或草地，少数地区见于海拔 3000 米以上的山坡。

食用部位

◎ 茎和鳞茎。

食用方法

◎ 绿色茎可以采摘后洗净，与鸡蛋等炒食，还可以做粥；茎顶端的球茎可以洗净后直接蘸酱汁食用；鳞茎采挖后洗净，可以煮食或蒸食，也可以盐渍或糖渍食用。

药用功效

◎ 鳞茎经干燥后可入药，具有温中健胃、通阳散结、抗菌消炎、消积化滞等功效，对胃肠胀气、胸痹、脘腹痞满、里急后重、咽喉肿痛等症有很好的治疗效果。

对野菜的习性和生长环境进行介绍，进一步认识野菜

伞形花序，着生多数花

对野菜的整体或局部特征进行文字注解，更利于读者对野菜进行辨别

叶基生，细长，呈线形

花葶圆柱状

有斑百合

别名：渥丹、山灯子花

科属：百合科百合属

分布：内蒙古、吉林、山东、山西、河北、辽宁、黑龙江等

形态特征

◎ 多年生草本植物。茎高 30~70 厘米，光滑无毛，近基部有时略带紫色；叶散生于茎秆中下部，长 3~7 厘米，条形或条状披针形，两面无毛，无叶柄；花单生或几朵集成总状花序，着生于茎部顶端；花深红色，一般有褐色斑点；花被片 6 枚，星状开展，长 3~4 厘米，呈卵状披针形或椭圆形；蒴果呈矩圆形，长约 2.5 厘米；鳞茎呈卵状球形，白色，长 2~3 厘米，直径 1.5~3 厘米；花期 6~7 月，果期 8~9 月。

生长环境

◎ 多生于海拔 600~2000 米的向阳坡地、山沟、林缘。

食用部位

◎ 鳞茎。

食用方法

◎ 鳞茎含有大量淀粉，可以用来炖汤食用，有滋补养生之效；也可以洗净切片搭配其他材料炒食或煮熟后拌蜂蜜食用，口感黏腻绵软；还可以晒干后压制成粉末，用来制作各种面食，风味独异。

药用功效

◎ 鳞茎可以入药，味甘性平，具有静心安神、滋阴润肺、止咳止喘的功效，对惊悸失眠、肺热咳嗽、痰中带血等症有一定的辅助治疗作用。

列出野菜的可食部位，方便读者采摘及食用

介绍野菜的不同食用方法，读者可以根据喜好进行选择

对野菜的药用功效进行介绍，使读者食用野菜更健康，更有针对性

花深红色，一般有褐色斑点

花被片 6 枚，呈卵状披针形或椭圆形

多幅高清大图使读者识别野菜更加直观

目录

第一章 草本植物

第二章　木本植物

第三章 菌类

附录 食用野果

野菜的价值

　　我国的野菜分布广，种类多，具有很高的营养价值，含有水分、蛋白质、脂肪、糖类、膳食纤维、钙、磷、铁、胡萝卜素和维生素 C 等人体生长所需的营养物质。有些野菜所含的营养素比一些粮食作物还要多，如紫花苜蓿中某些氨基酸的含量比大米、小麦都高。

　　有的野菜中虽然含有较少的蛋白质，但其中的氨基酸成分比例协调，与主食搭配食用能够提高食物中的蛋白质生物效应，从而更加利于人体对营养物质的吸收。野菜中含有丰富的维生素，尤其是胡萝卜素和维生素 C。例如，每 100 克紫花地丁中含有 320 毫克维生素 C，居各野菜之首，更是一般的栽培蔬菜远远不能相比的。

　　野菜中还含有多种人体所需的矿物质，如钙、磷、钾、铁、锌、铜等，这些元素在某些野菜中的含量比例与人体所需的比例很接近，所以食用野菜不会出现因某些元素摄入过量而影响机体代谢的问题。野菜中含有的维生素和矿物质对人体的生长发育和健康极为有益，尤其是平时食用蔬菜较少的人，更能够体会到野菜独具的养生作用。

　　野菜所含膳食纤维极丰富，常食野菜可以很好地补足人们正常膳食中膳食纤维摄入不足的部分。膳食纤维具有吸水性，能刺激胃肠蠕动，促进消化液的分泌，从而帮助消化吸收。野菜中所含的膳食纤维还具有离子变换和吸附作用，可将体内的某些毒素进行分解，因而对维护人体健康、提升精力有很大的益处。

　　野菜不仅能够为人体提供丰富的营养，也是辅助治疗某些疾病的良药。例如，荠菜有清肝明目、养胃和中、止血降压之效，对肝脏疾病、胃痛、高血压、小儿麻疹、痢疾、眼病等症有很好的辅助疗效，有"天然之珍"的美誉；蒲公英具有清热解毒、降低血糖的功效，很适合肝炎患者和糖尿病患者食用；马齿苋可以清热解毒、消炎杀菌，对痢疾、口腔溃疡、胃炎、十二指肠溃疡等有较好的疗效；苦菜具有凉血止血、清热解毒的功效，对黄疸、痢疾及虫蛇咬伤等有一定的治疗效果；蕨菜则有养阴清热、利尿消肿的功效，适宜高热神昏、小便不利及水肿患者食用。

　　野菜因含有各种抗氧化成分和多种营养素，还被应用于护肤品中。含有野菜提取物的护肤品具有促进新陈代谢、保持皮肤细嫩等作用。所以，适当食用野菜，不仅有补充营养、维护健康等作用，还可以起到滋润肌肤、养颜美容的效果。

野菜的食用

野菜的食法

野菜的食法有很多种，每一种野菜都有最适合它的烹饪方法，下面介绍几种常见的野菜食法。

凉拌。野菜大都有或苦或涩或酸等不同于一般蔬菜的味道，因此在食用野菜之前，要将其放在沸水中焯一下，捞出后再用清水冲洗干净，这样可以去除其异味。接下来就可以根据个人口味加入适量盐、鸡精、醋等调味品，拌匀后就可以食用了。凉拌野菜不仅口感脆嫩、味道清香，还能够很好地保留野菜中的营养素。

煲汤。如果野菜是汤的主料，则应先将其清洗干净备用。接着热锅入油，爆香葱花、蒜末，再加入适量水和其他配料，待水沸，放入准备好的野菜煮三五分钟，最后放入调味品即可。如果野菜是汤的辅料，则可以在主料烧好前3分钟加入，再稍微煮几分钟，调好味就可以出锅了。

做馅。将野菜清洗干净并切碎后，与其他配料拌匀，可以作为各种面点，如包子、水饺、馅饼等的馅料。此外，还可以将洗净切碎的野菜直接放入面粉，并加入适量水和调味品拌匀，然后做成饼状、窝头状或其他造型，上锅蒸熟后食用。

炒食。如果是野菜单独炒食，则要用急火快炒，这样可以减少对野菜中维生素的破坏。如果是将野菜与肉类或蛋类炒食，则可以先将肉类或蛋类炒熟，起锅后再放入野菜略炒，接着将炒好的肉

类或蛋类回锅，拌炒一下即可。按照这种方法炒出来的菜肴，色鲜、味美、有营养。

制干菜。很多野菜都可以制成干菜，如黄花菜、蕨菜、马齿苋等。主要适用于可以大量采摘且季节性采摘时间较短的野菜。具体制作方法是将野菜清洗干净后，过沸水略烫煮，然后捞出晒干即可。

食用野菜的注意事项

知道了野菜的食用方法，还要知道食用野菜的一些注意事项。

第一，不认识的野菜不要吃。不是所有的野菜都能吃，尤其是一些菌类，很可能有毒。不小心误食可能会出现腹泻、呕吐等症状，严重者还会危及生命。所以，不认识的野菜一定不要随便吃。

第二，受污染的野菜不要吃。由于野菜的生长环境不定，可能会受到某些有毒化学成分或重金属的污染，食用这样的野菜对身体健康特别不利。所以不要食用废水边、废料堆边、公路边及有毒矿渣边生长的野菜。

第三，过敏体质者不宜食用。易对某些药物或食物过敏者应慎食野菜。第一次可以少量食用，如果食用过后出现发痒、出疹等过敏症状，应立即停食。情况严重者应去医院进行治疗。

野菜的采摘

野菜的采摘季节

采摘野菜具有很强的季节性，不同野菜的采摘要求决定了不同的采摘时间。俗话说："当季是菜，过季是草。"这句话说的就是野菜采摘的季节性。野菜成熟度的判定以及采摘时的操作适当与否，都会对野菜的产量、质量、贮存和加工品质产生较大的影响。野菜种类不同，采摘季节也不同，例如，在北方，榆钱一般在4月上旬采摘食用，因为中旬以后就会成熟脱落，不能再食用了。刺槐花也应在没有完全开放前采摘，太早或太迟都会对其产量和风味产生影响。因此，在采摘野菜时，应根据野菜的品种、特征、生长情况、气候条件等综合考虑，这样才能确定野菜的采摘季节，也才能品尝到既营养又美味的野菜。

采摘野菜的注意事项

第一，要在环境好、无污染且野菜长势良好的地方采摘。生长在化工厂、污水边的野菜不要采摘，也不要在喷洒过农药的庄稼地里采摘野菜。因为这些地方的野菜可能受到了污染，食用后可能会中毒。除此之外，生长在公路旁边的野菜也不可以采摘，因为它们常年被汽车尾气污染，食用后有害健康。

第二，采摘下来的野菜不要一直握在手里。这是因为人体温度较高，容易使新鲜的野菜发生变形或散失水分。因此，应将采摘好的野菜放在铺有青草的篮中，且注意不可按压。

第三，不同种类的野菜不要混放在一起。为避免野菜发生串味，应将采摘的野菜及时归类。将其扎成小把或是用纸张卷成一束，然后放入筐里。将野菜采摘回家后，应尽快处理食用，因为存放时间太长会使野菜老化、变质，营养价值会大打折扣。如果不是当天食用，可以将野菜处理干净后，放入沸水中焯一下，捞出放入塑料袋中，加入适量盐水后排气扎紧，再放入冰箱冷藏保存。

野菜的采摘技巧

根茎类的野菜需要用锹或锄进行挖刨，也可以用犁将根茎翻出。需要注意的是，一定要深挖，否则可能伤及野菜的根部。这类野菜有莲藕、野胡萝卜、地黄、桔梗等。

除了根茎类和一年生野菜外，多数野菜的采摘方式都是先用手触摸野菜以识别老嫩，然后进行采摘。嫩茎叶类野菜，从弯曲处掐断即可，如歪头菜，或者从嫩芽基部掰断即可，如楤木。嫩叶类野菜则直接将嫩叶柄掐断即可。全菜类野菜的采摘技巧是从野菜基部向上找到其易折处以手将其折断进行采摘，如鬼针草、诸葛菜等。幼嫩叶柄类野菜如蕨菜等的采摘技巧与全菜类野菜差不多，即自下向上从易折处将其折断，注意采摘时避免断面接触土壤，以防汁液流出老化。花类野菜最好是在其含苞待放时采摘，如黄花菜、槐花等。

另外，很多野菜具有螫毛或针刺，采摘时应注意防护，可以戴手套或利用适合的工具进行采摘。

第一章
草本植物

　　草本植物是指茎秆和叶片多汁、柔软、呈草质的一类植物，主要包括一年生草本植物、二年生草本植物和多年生草本植物。草本植物很常见，很多重要的粮食作物如小麦、大麦、玉米、高粱等都是草本植物。较为常见的野菜也大多属于草本植物，如马齿苋、蕨菜、鱼腥草、荠菜、黄花菜等。

玉簪

别名： 玉春棒、白鹤花、玉泡花、白玉簪

科属： 百合科玉簪属

分布： 四川、湖北、湖南、江苏、安徽、浙江、福建和广东等

形态特征

◎ 多年生草本植物。叶片基生，呈卵状心形或卵圆形，长 14~24 厘米，基部心形，先端渐尖，叶脉明显；花葶高 40~80 厘米，总状花序顶生，着花 9~15 朵；外苞片卵形或披针形，内苞片很小；花冠白色或淡紫色，筒状漏斗形，长 10~12 厘米，有芳香；蒴果有三棱，长约 6 厘米，呈圆柱状；根状茎粗大且多须根，粗 1.5~3 厘米；花果期 7~9 月。

生长环境

◎ 喜阴湿环境，较耐寒，多生于海拔 2200 米以下的林缘、背阳草坡或岩石边。宜生于土层深厚、排水良好的砂质土壤中。

食用部位

◎ 花蕾。

食用方法

◎ 玉簪的新鲜花蕾去掉雄蕊后可以当蔬菜食用，可以焯水后凉拌或搭配其他食材炒食，也可以做汤。玉簪的花蕾还可以拌面粉蒸食或挂面汁油炸后用来煨汤，风味各异。

药用功效

◎ 全草可供药用。花蕾去掉雄蕊之后入药，具有清凉解毒、消肿止血的功效，可以辅助治疗咽喉肿痛、烧伤烫伤等症。根、叶有小毒，外敷适用于乳腺炎、疮痈肿毒、溃疡等症。

叶片基生，呈卵状心形或卵圆形，花葶较高

总状花序顶生，花白色

麦冬

别名： 麦门冬、沿阶草

科属： 百合科沿阶草属

分布： 广东、广西、浙江、江苏、湖北、云南、贵州、河南、河北等

形态特征

◎ 多年生常绿草本植物。根较粗，中间或近末端常膨大成椭圆形或纺锤形的小块根，小块根淡褐黄色；地下走茎细长，节上具有膜质的鞘；叶基生成丛，禾叶状，具有 3~7 条脉，边缘有细锯齿；总状花序长 2~5 厘米，具有几朵至十几朵花；花单生或成对着生于苞片腋内；苞片披针形，先端渐尖；花被片常稍下垂而不展开，披针形，白色或淡紫色；种子球形，直径 7~8 毫米；花期 5~8 月，果期 8~9 月。

生长环境

◎ 常生于海拔 2000 米以下的林下、溪流旁或山坡阴湿处等地。

食用部位

◎ 块根。

食用方法

◎ 夏季采挖块根，洗净后可以用来炖汤，还可以煮粥或榨成汁饮用。

药用功效

◎ 块根可入药，具有止咳化痰、生津润肺、滋阴、利尿、除烦、通便等功效，可用于阴虚肺燥导致的干咳少痰，心肺虚热、胃阴虚导致的口干舌燥、食欲不振，以及心阴虚导致的失眠、健忘、心烦等症。

叶基生成丛，呈禾叶状

总状花序，花白色或淡紫色

天门冬

别名： 三百棒、武竹、丝冬、老虎尾巴根、天冬草、明天冬

科属： 百合科天门冬属

分布： 我国华东、中南地区及河北、陕西、甘肃、四川、台湾等

形态特征

⊙ 多年生草本攀缘植物。茎细弱，平滑无毛，常弯曲或扭曲，基部略木质化；叶状小枝通常每3枚成簇，扁平，长0.5~8厘米；细茎上的鳞片状叶基部生有木质倒刺，分枝上的刺较短或不明显；小花1~3朵簇生于叶腋，白色或淡绿色；雄花花被长2.5~3毫米，雌花大小和雄花相近；浆果球形，直径6~7毫米，成熟时红色；块根肉质，簇生，灰黄色，长4~10厘米；花期5~6月，果期8~10月。

生长环境

⊙ 喜温暖湿润的环境，耐旱耐瘠不耐寒，忌强光。多生于海拔1750米以下的坡地、山谷、荒野、路边或林缘。

食用部位

⊙ 幼笋和块根。

食用方法

⊙ 幼笋洗净焯水后可以直接凉拌或炒食。其块根含有大量的淀粉，可以切片炒食，也可以用来炖汤或煮粥，如天冬鸡肉汤、天冬瘦肉汤、天冬粥等，能滋阴清火。

药用功效

⊙ 块根是常用的中药，味甘性寒，具有滋阴润燥、清肺生津、降火止咳的功效，适用于阴虚发热、肺燥干咳、吐血咯血、咽喉肿痛、肠燥便秘、疝气等症。

草本攀缘植物，茎细弱，平滑无毛

小花1~3朵簇生于叶腋，白色或淡绿色

黄花菜

别名：萱草、忘忧草、金针菜、萱草花、健脑菜

科属：百合科萱草属

分布：山西、山东、安徽、浙江、江西、湖南、福建、台湾、广东等

形态特征

⊃ 多年生草本植物，植株一般较高大。根近肉质，中下部常有纺锤状膨大；叶基生，狭长带状，长50~130 厘米，宽 6~25 毫米；花葶长短不一，一般稍长于叶；苞片披针形，自下向上渐短；花梗较短，通常不到 1 厘米；花茎从叶腋抽出，茎顶分枝开花；花被淡黄色，6 裂，有时花蕾顶端带黑紫色；花被管长 3~5 厘米；蒴果钝三棱状椭圆形，长 3~5 厘米；种子黑色，光亮，有棱；花果期 5~9 月。

生长环境

⊃ 耐瘠耐旱，忌水涝，对土壤要求不严，多生于海拔 2000 米以下的山坡、山谷、荒地或林缘。

食用部位

⊃ 嫩叶和花蕾。

食用方法

⊃ 黄花菜的嫩叶采摘后洗净即可炒食，清鲜美味。而新鲜黄花菜的花蕾却需用开水汆烫、浸泡去毒方可食用，因为它含有秋水仙碱，而秋水仙碱进入人体氧化后会形成刺激肠胃和呼吸系统的二秋水仙碱。花蕾采摘后晒干贮藏是一味百搭的干菜。

药用功效

⊃ 黄花菜味甘性平，具有清热解毒、补肝益肾、明目安神等功效，对肺热咳嗽、咽痛多痰、肾虚失眠、吐血便血、乳汁不下等症有一定的疗效，可作为病后或产后的调补品。

花葶长短不一，一般稍长于叶

花被 6 裂，淡黄色

玉竹

别名：尾参、葳蕤、地管子

科属：百合科黄精属

分布：黑龙江、吉林、辽宁、甘肃、青海、河北、湖北等

形态特征

多年生草本植物。植株高 20~50 厘米；叶互生，呈椭圆形至卵状矩圆形，叶片绿色，叶端渐尖，叶背略带灰白色；花序腋生，一般具有花 1~4 朵，花直径约 1 厘米；花被长 1.5~2 厘米，黄绿色至白色，花冠直筒状，顶端有 6 枚裂片，裂片长 3~4 毫米；浆果球形，成熟后变为黑色，有 7~9 颗种子；肉质的根状茎横走，生有浓密的须根，黄白色；花期 5~6 月，果期 7~9 月。

生长环境

多生于空气凉爽、土壤湿润的林下或灌丛中。

食用部位

幼苗和根。

食用方法

将玉竹幼苗采回来后去杂洗净，放入沸水中焯烫，捞出冲洗干净后可以炒食，可以做汤，还可以切碎后做蔬菜粥。根采挖回来后洗净，入锅中煮熟，捞出切好，加入调味料拌匀即可食用，还可以用来做汤。

药用功效

根茎可入药，具有清热养阴、生津止渴、润肺止咳等功效，可用于热病伤阴、咽干口渴、肺燥咳嗽等症的辅助治疗。玉竹还具有很好的补益作用，可与人参相比。

叶片绿色，先端渐尖

植株高 20~50 厘米

浆果球形，成熟后变为黑色

花冠直筒状，黄绿色至白色

叶互生，呈椭圆形至卵状矩圆形

山丹

别名：细叶百合、山丹丹花

科属：百合科百合属

分布：黑龙江、吉林、辽宁、河南、河北、山西等

形态特征

➡ 多年生草本植物。茎高 60~80 厘米，有些会带有紫色条纹; 条形叶于茎中部散生，长 3.5~9 厘米，宽 1.5~3 毫米; 花鲜红色，一般没有斑点，呈下垂状，常单生或数朵排列成总状花序; 花被片 6 枚，长约 4 厘米，宽约 1 厘米，向后强烈反卷; 花丝无毛，长 1.2~2.5 厘米; 花药黄色，呈长椭圆形，长约 1 厘米; 蒴果长约 2 厘米，宽 1.2~1.8 厘米，呈矩圆形; 鳞茎白色，直径 2~3 厘米，呈圆形或圆锥形; 花期 7~8 月，果期 9~10 月。

生长环境

➡ 多生于海拔 400~2600 米的丘陵山坡、林间草地或灌木丛中。

食用部位

➡ 花和鳞茎。

食用方法

➡ 花采收后晒干保存，待食用时洗净，可以在做汤时放入或用以炝锅。鳞茎采挖后摘下鳞片，洗净后可制作汤羹或搭配其他材料炒食。

药用功效

➡ 花具有活血的作用，花蕊可用于辅助治疗疔疮恶肿。鳞茎具有清心安神、养阴润肺、止咳祛痰的功效，可用于心神不安、失眠多梦、咳嗽痰喘等症。

茎高 60~80 厘米

花被片 6 枚，强烈反卷

花鲜红色，一般没有斑点

卷丹

别名：虎皮百合、倒垂莲、黄百合、药百合

科属：百合科百合属

分布：江苏、浙江、江西、四川、山西、西藏、吉林等

形态特征

◐ 多年生草本植物。茎高 80~150 厘米，褐色或带有紫色条纹，被有白色柔毛；叶散生，无柄，长 6.5~9 厘米，宽 1~1.8 厘米，呈披针形或矩圆状披针形，有 5~7 条叶脉，叶表和叶背几乎无毛，叶端有白毛，上部叶腋处有黑色珠芽；花橙红色，上有紫黑色斑点，下垂生长，花被片反卷，呈披针形；花丝淡红色，长 5~7 厘米；花药紫色，矩圆形；蒴果长 3~4 厘米，呈狭长卵形；鳞茎白色，呈广卵状球形，直径 4~8 厘米；花期 7~8 月，果期 9~10 月。

生长环境

◐ 喜凉爽潮湿的环境，耐寒性较差，多生于海拔

400~2500 米的草地、山坡、灌木林下、路旁、水边等。

食用部位

◐ 鳞茎。

食用方法

◐ 鳞茎采挖后摘下鳞片，洗净后可制作汤羹或搭配其他材料炒食。

药用功效

◐ 鳞茎与花均可入药，具有清心安神、养阴润肺、止咳除烦等功效，可用于辅助治疗虚烦惊悸、失眠多梦、精神恍惚、肺燥咳嗽、痰中带血等症。

花被片呈披针形，上有紫黑色斑点

花橙红色，下垂生长

薤白

别名：小根蒜、团葱、山蒜

科属：百合科葱属

分布：除新疆、青海外，全国各地均有分布

形态特征

○ 多年生草本植物。植株高可达 70 厘米；叶 3~5 片基生，细长，呈线形，叶端渐尖，基部呈鞘状，上面有沟槽，长 20~40 厘米，宽 3~4 毫米；圆柱状的花葶从叶丛中抽出，高 30~70 厘米；伞形花序顶生，上面着生多数花，呈半球形至球形；花被片为淡粉色或淡紫色，有 6 枚，呈长圆状披针形至长圆状卵形，长 4~5 毫米；鳞茎白色略带黑色，外皮膜质或纸质，近球形；花期 6~8 月，果期 7~9 月。

生长环境

○ 多生于海拔 1500 米以下的丘陵、山坡或草地，少数地区见于海拔 3000 米以上的山坡。

食用部位

○ 茎和鳞茎。

食用方法

○ 绿色茎可以采摘后洗净，与鸡蛋等炒食，还可以做粥；茎顶端的球茎可以洗净后直接蘸酱汁食用；鳞茎采挖后洗净，可以煮食或蒸食，也可以盐渍或糖渍食用。

药用功效

○ 鳞茎经干燥后入药，具有温中健胃、通阳散结、抗菌消炎、消积化滞等功效，对胃肠胀气、胸痹、脘腹痞满、里急后重、咽喉肿痛等症有很好的治疗效果。

叶基生，细长，呈线形

伞形花序，着生多数花

花葶圆柱状

有斑百合

别名：渥丹、山灯子花

科属：百合科百合属

分布：内蒙古、吉林、山东、山西、河北、辽宁、黑龙江等

形态特征

⊙ 多年生草本植物。茎高 30~70 厘米，光滑无毛，近基部有时略带紫色；叶散生于茎秆中下部，长3~7 厘米，条形或条状披针形，两面无毛，无叶柄；花单生或几朵集成总状花序，着生于茎部顶端；花深红色，一般有褐色斑点；花被片 6 枚，星状开展，长 3~4 厘米，呈卵状披针形或椭圆形；蒴果呈矩圆形，长约 2.5 厘米；鳞茎呈卵状球形，白色，长 2~3 厘米，直径 1.5~3 厘米；花期 6~7月，果期 8~9 月。

生长环境

⊙ 多生于海拔 600~2000 米的向阳坡地、山沟、林缘。

食用部位

⊙ 鳞茎。

食用方法

⊙ 鳞茎含有大量淀粉，可以用来炖汤食用，有滋补养生之效；也可以洗净切片搭配其他材料炒食或煮熟后拌蜂蜜食用，口感黏腻绵软；还可以晒干后压制成粉末，用来制作各种面食，风味独异。

药用功效

⊙ 鳞茎可以入药，味甘性平，具有静心安神、滋阴润肺、止咳止喘的功效，对惊悸失眠、肺热咳嗽、痰中带血等症有一定的辅助治疗作用。

花深红色，一般有褐色斑点

花被片 6 枚，呈卵状披针形或椭圆形

野韭菜

别名：山韭、起阳草、宽叶韭、岩葱

科属：百合科葱属

分布：全国各地

形态特征

⊙ 多年生草本植物。植株矮小，叶片带状扁平，深绿色，长 30~40 厘米，叶背具有明显凸起的中脉；花葶自叶丛抽出，高 20~50 厘米，呈圆柱状或三棱状，下部披叶鞘；多数小花密集组成顶生的伞形花序，近球形；小花花梗纤细，近等长，基部无小苞片；花白色或微带红晕，花瓣披针形至长条形，长 4~7 毫米，先端渐尖；果实为倒卵形蒴果，种子黑色；根状茎狭圆锥形，外皮膜质，白色；花期 7~8 月。

生长环境

⊙ 喜温暖潮湿和稍阴的环境，海拔 2000 米以下的草原、山坡、田野、路旁、荒地上均可生长。

食用部位

⊙ 嫩茎叶和花序。

食用方法

⊙ 嫩茎叶和花序皆可食，食法多种多样，可以洗净后直接以油盐凉拌或腌渍而食，也可以和鸡蛋炒食或用来做汤、煮粥，还可以调馅包饺子、烙菜饼等。秋季可以掘其须根食用。

药用功效

⊙ 全草可入药，味辛性温，具有温中行气、补肾益阳、健胃暖胃、除湿理气的功效，适用于腰膝酸软、脾胃虚寒、便秘尿频、心烦脱发、妇女痛经等症。

叶片带状扁平，伞形花序顶生，近球形

花白色或微带红晕

黄精

别名： 龙衔、白及、兔竹、垂珠、鸡格

科属： 百合科黄精属

分布： 黑龙江、吉林、辽宁、河北、山西、陕西、内蒙古、宁夏等

形态特征

⊙ 多年生草本植物。茎高 50~90 厘米，有时呈攀缘状；叶轮生，无柄，条状披针形，长 8~15 厘米，宽 4~16 毫米，先端翻卷或弯成钩状；花序通常呈伞状，腋生，多俯垂；花被筒状，中部稍缩，白色或淡黄色；浆果成熟时黑色，直径 7~10 毫米，一般有 4~7 颗种子；根状茎横走，呈圆柱状，直径 1~2 厘米；花期 5~6 月，果期 8~9 月。

生长环境

⊙ 常生于海拔 800~2800 米的树林边缘、灌木丛或山坡背阴处。

食用部位

⊙ 嫩叶和根状茎。

食用方法

⊙ 采摘嫩叶，焯烫后摊开晾凉，凉拌或炒食均可，清新鲜美。其肉质根状茎肥厚，含有大量淀粉和多种其他营养成分，可以煮熟后加糖凉拌而食，也可以用来炖汤，如排骨汤、牛肉汤等，还可以用来煮粥或泡酒，有健身养生之效。

药用功效

⊙ 根状茎可入药，味甘性平，具有滋肺养肾、补气益脾的功效，对肺阴不足引起的咳嗽少痰以及病后体虚、倦怠无力、脾胃虚弱等症大有益处。另外，黄精还可以用于防治高血脂症、低血压症、白细胞减少症等，并且可以强筋壮骨、延缓衰老。

叶轮生，条状披针形，小花腋生，花被黄色或淡黄色

茎高 50~90 厘米

大车前

别名：钱贯草、大猪耳朵草

科属：车前科车前属

分布：我国大部分省份

形态特征

➡ 二年生或多年生草本植物。基生叶呈莲座状排列，叶片卵圆形，顶端较圆滑，边缘呈波状或不规则锯齿状，两面被有疏短柔毛或几乎无毛，叶柄较长；花茎直立，具有纵向条纹，被有短柔毛，穗状花序呈细圆柱状；花密生，苞片卵形，有绿色龙骨状凸起；花冠白色或淡紫色，无毛，裂片多披针形，于花后反折；蒴果近似球形，长2~3毫米，种子棕色或棕褐色；根状茎短粗，多须根；花期6~8月，果期7~9月。

生长环境

➡ 多生于亚欧大陆温带及寒温带的草地、河滩、沼泽地、山坡、路旁或荒地。

食用部位

➡ 幼苗和嫩茎。

食用方法

➡ 幼苗和嫩茎清水洗净后入沸水焯烫，再以清水浸洗数次，捞出沥干即可凉拌或蘸酱汁食用；也可以大火清炒或与肉同炒，煮汤、做馅或泡酸菜等也不错。

药用功效

➡ 全草和种子均可入药，味甘，性微寒。具有清热利尿、凉血解毒、清火明目等功效，多用于痰多咳嗽、小便涩痛、痈肿疮毒、目赤肿痛等症。

叶基生，呈莲座状排列，叶片卵圆形

花茎直立，穗状花序呈细圆柱状

薄荷

别名： 野薄荷、夜息香、银丹草

科属： 唇形科薄荷属

分布： 我国南北各地，尤以江苏、安徽两省产量最大

形态特征

● 多年生草本植物。植株高 30~60 厘米，茎直立，方柱形，棱上被有微柔毛，分枝较多；叶片对生，薄纸质，多为长圆状披针形或椭圆形，叶缘生有稀疏的锯齿，长 3~5 厘米；叶柄长 2~10 毫米，叶面淡绿色，叶脉多密生微柔毛；小花腋生，排成稠密的轮伞花序，轮廓近似球形，直径约 2 厘米；花冠淡紫粉色或白色，冠檐二唇形，上裂片较大，外面略被有微柔毛；小坚果黄褐色，呈卵圆形；花期 7~9 月，果期 10 月。

生长环境

● 广泛分布于北半球的温带地区，常生于海拔 2100 米以下的山野湿地或河流旁边。

食用部位

● 嫩茎叶。

食用方法

● 幼嫩茎尖可以作为蔬菜食用，味道清爽可口，也可以榨汁饮用。薄荷因其特殊的香辛气味，既可以作为一种调味剂，又可以用来制作香料，还可以配酒、酿蜜、泡茶等。

药用功效

● 全草皆可入药，味辛性凉，具有发汗解表、疏风散热的功效，可用于感冒发热导致的喉痛、头痛、眼睛赤痛、肌肉疼痛等症。平常以薄荷代茶，能清心明目。

茎直立，方柱形

花冠淡紫粉色或白色

叶片对生，长圆状披针形

罗勒

别名： 九层塔、金不换、圣约瑟夫草、甜罗勒、兰香

科属： 唇形科罗勒属

分布： 新疆、吉林、河南、浙江、江苏、江西、湖南、广东等

形态特征

➔ 一年生或多年生草本植物。茎直立，植株高20~70厘米，呈钝四棱形，表面被有柔毛，通常绿色染紫，上部多有分枝；叶对生，多为卵圆形或卵圆状披针形，长2~5厘米，两面无被毛，叶缘具有不整齐齿齿或近全缘；总状花序着生在茎、枝的顶部，由多组轮伞花序组成；花萼呈钟状，外面被有短柔毛；花冠白色、淡紫色或紫红色，二唇形，长约6毫米；小坚果黑褐色，呈卵圆形，长2.5毫米；花期通常7~9月，果期9~12月。

生长环境

➔ 喜温暖湿润的环境，对寒冷敏感，耐旱耐热不耐涝，宜生于排水良好的砂质壤土中。

食用部位

➔ 嫩茎叶。

食用方法

➔ 嫩茎叶洗净焯水后凉拌、煲汤、拌面粉蒸食或油炸皆可。另外，罗勒叶片也是烹饪西式菜品时常用的一种调味品，做菜、熬汤时放少许罗勒叶片，可使菜品更出色。

药用功效

➔ 全草可入药，具有发汗解表、化湿消食、活血散淤、解毒止痛的功效。可用于伤风感冒、头痛耳痛、气喘打嗝、脘腹胀满、月经不调、跌打损伤、痈肿疮毒等症。

植株高20~70厘米

叶对生，多为卵圆形或卵圆状披针形

茎表面被有柔毛，通常绿色染紫

花冠白色、淡紫色或紫红色

总状花序顶生，由多组轮伞花序组成

风轮菜

别名：野凉粉草、苦刀草、苦地胆、熊胆草、九塔草

科属：唇形科风轮菜属

分布：山东、湖北、浙江、江苏、安徽、江西、广东等

形态特征

⊙ 多年生草本植物。植株高可达1米，茎四棱形，基部匍匐生根，上部多分枝，密被短柔毛；叶对生，近似卵圆形，坚纸质，长2~4厘米，边缘有圆齿状锯齿，叶柄较短，叶脉清晰；多花密集，于茎秆中上部组成多个半球状轮伞花序，花序彼此间断不连；花冠多紫红色，外被柔毛，长约9毫米，冠檐二唇形，上唇直伸，下唇3裂；小坚果黄褐色，呈倒卵形，长约1.2毫米；花期5~8月，果期8~10月。

生长环境

⊙ 多生于海拔1000米以下的灌木丛、坡地、沟边、林缘。

食用部位

⊙ 嫩茎叶。

食用方法

⊙ 新鲜的嫩茎叶略有香辛味，采摘后洗净入沸水焯烫，稍稍放置即可凉拌或清炒。叶子也常被用作料理材料和香料，香味特殊。开花的枝端也可以用来泡茶。

药用功效

⊙ 全草皆可入药，味辛、苦，性凉。具有疏风清火、消肿解毒的功效，可用于辅助治疗感冒发热、咽喉肿痛、疔疮火眼、小儿疳病、过敏性皮炎等症。

叶片近似卵圆形，边缘有圆齿状锯齿

轮伞花序呈半球状，花冠多紫红色

鼠尾草

别名：洋苏草、普通鼠尾草、庭院鼠尾草

科属：唇形科鼠尾草属

分布：我国东部和南部地区

形态特征

◎ 多年生灌木状草本植物。植株高 40~60 厘米，茎钝四棱形，纤细直立，疏被柔毛或无毛；叶片卵状披针形或广椭圆形，长 6~10 厘米，灰绿色，被有短绒毛；轮伞花序顶生，多花密集组成伸长的总状花序；花冠淡粉红色、淡蓝色、淡紫色至白色，因品种而异，冠檐二唇形，上唇近似圆形，先端微凹，下唇 3 裂，中裂片呈倒心形，较侧裂片稍大；小坚果褐色椭圆形，长约 1.7 毫米，表面光滑；花期 6~9 月。

生长环境

◎ 多生于海拔 220~1500 米的山间坡地、荫蔽草丛、路旁或水边。

食用部位

◎ 花序和嫩叶。

食用方法

◎ 鼠尾草的香味特异，是一种天然的烹饪香料，可以用来煮汤或炖肉，能去腥解腻并促进消化；有时也可以加入酒、茶或醋之中调味，还可以做沙拉时掺入少许用来提味。

药用功效

◎ 全草可入药，味苦、辛，性平。具有清热解毒、活血调经、利湿消肿、抗菌消炎的功效，可用于辅助治疗黄疸、痢疾、肠胃不适、月经不调、行经腹痛等症，外用可治痈肿疮疡、跌打损伤等。

叶片卵状披针形或广椭圆形

轮伞花序顶生组成伸长的总状花序

花淡粉红、淡蓝、淡紫至白色

夏枯草

别名：麦穗夏枯草、铁线夏枯草、铁色草、夕句

科属：唇形科夏枯草属

分布：全国各地

形态特征

➡ 多年生草本植物。茎紫红色，高 20~30 厘米，呈钝四棱形，有浅凹槽；草质叶对生，多卵圆形或卵状长圆形，长 1.5~6 厘米，边缘具有不明显的波状齿，叶脉鲜明；叶柄长 0.7~2.5 厘米，自下而上渐变短；轮伞花序密集，组成顶生的穗状花序；花较小，花冠蓝紫色、红紫色或紫色，长约 13 毫米，冠檐二唇形；小坚果呈长圆状卵形，长约 2 毫米，黄褐色，具有浅纹；根茎匍匐，节上多须根；花期 4~6 月，果期 7~10 月。

生长环境

➡ 喜温暖湿润的环境，耐寒，环境适应性强。多生于水边草丛、山沟湿地以及荒野、路边等。

食用部位

➡ 幼苗和未开花前的嫩叶。

食用方法

➡ 嫩茎或叶洗净焯烫后再用清水淘洗数次以去除苦味，然后可以加油盐等调味料凉拌而食，也可以大火清炒；或者洗净晾干制成干菜贮存，可以用来煲汤，如夏枯草黑豆汤、夏枯草鸡脚汤等。

药用功效

➡ 干燥果穗可入药，味辛、苦，性寒。具有清热下火、散淤消肿、宁神明目、疏肝解郁的功效，可用于目赤肿痛、头痛晕眩、周身结核、乳痈肿痛等症。

茎钝四棱形，有浅凹槽

轮伞花序密集，组成顶生的穗状花序

二唇形小花，生于紫色花萼中

花冠蓝紫色、红紫色或紫色

茎叶对生，卵圆形或卵状长圆形，叶脉鲜明

益母草

别名： 坤草、九重楼、云母草、森蒂

科属： 唇形科益母草属

分布： 全国各地

形态特征

⊙ 一年生或二年生草本植物。植株高 30~120 厘米，茎钝四棱形，微有凹槽，被有粗糙伏毛，基部多有分枝；茎下部叶多卵形，掌状 3 裂，叶脉明显，叶柄纤细；茎中上部叶较下部叶细小，为菱形，通常也 3 裂，轮伞花序腋生，具有花 8~15 朵，近似球形；花冠淡紫红色或粉红色，长 1~1.2 厘米，二唇形，上唇长圆形，直伸，内凹，下唇 3 裂，略短于上唇；小坚果淡褐色且光滑，呈长圆的三棱形；花期通常 6~9 月，果期 9~10 月。

生长环境

⊙ 喜温暖潮湿的环境，对土壤要求不严，多生于山野荒地、田埂上、河流边、草地、路旁等。

食用部位

⊙ 茎叶、花和果实。

食用方法

⊙ 煮粥时可以加入益母草的嫩叶或花，再加入适量红糖，有养血调经的功效。炖鸡汤或煮鸡蛋时加入益母草的茎叶或花、果，能有效改善女性痛经、月经不调等症。

药用功效

⊙ 益母草干燥的地上部分为常用中药，可生用或熬膏用，具有祛淤活血、调经消水的功效，适用于妇女月经不调、痛经闭经、产后血晕、淤血腹痛等症。

茎直立，通常高 30~120 厘米，钝四棱形

茎中上部叶为菱形，通常 3 裂

轮伞花序腋生，具有花 8~15 朵，近似球形

二唇形花，上唇直伸内凹，下唇 3 裂

花冠淡紫红色或粉红色

紫苏

别名：桂荏、白苏、赤苏、红苏、黑苏、白紫苏

科属：唇形科紫苏属

分布：我国华北、华中、华南、西南地区及台湾省

形态特征

➲ 一年生直立草本植物。植株高可达 80 厘米，茎绿色或紫色，呈钝四棱形，密被绒毛；叶对生，膜质或草质，长 7~13 厘米，阔卵形或圆卵形；叶柄长 3~5 厘米，密被柔毛；轮伞花序在茎中上部密集，组成长 1.5~15 厘米、偏向一侧的顶生及腋生总状花序；花冠紫红色或白色，冠檐近似二唇形，上唇稍缺，下唇 3 裂；小坚果灰褐色，近球形，直径约 1.5 毫米，有网状纹路；花期 8~11 月，果期 8~12 月。

生长环境

➲ 喜光照充足的环境，适应性比较强，对土壤要求不严，排水良好即可。

食用部位

➲ 嫩茎叶和种子。

食用方法

➲ 嫩叶可以洗净后直接食用，也可以焯水后油盐凉拌而食或用来煮粥。把紫苏当做一味调料用来烹制各种菜肴，尤其用来烧鱼或烤肉，会更加美味可口有异香，如著名的紫苏干烧鱼、紫苏鸭、紫苏炒田螺等。

药用功效

➲ 紫苏叶芬芳有异香，发汗力较强，又能行气宽中、解郁止呕，故可用于辅助治疗感冒风寒，也能缓解鱼蟹中毒引起的脾胃气滞、腹痛呕吐等症状。

叶对生，阔卵形或圆卵形，绿色或紫色

轮伞花序，花冠紫红色或白色

藿香

别名：合香、苍告、山茴香

科属：唇形科藿香属

分布：全国各地

形态特征

◎ 多年生草本植物。茎四棱形，直立，高 0.5~1.5 米，上部被有极短细毛，下部无毛；纸质叶对生，卵状心形或长圆状披针形，长 4.5~11 厘米，自基部向上渐小，边缘具有粗齿，叶柄较长；轮伞花序呈圆筒形，穗状，多花密集，长 2.5~12 厘米，具有短梗；花极小，淡紫蓝色，长约 8 毫米；小坚果卵状长圆形，长约 1.8 毫米，褐色；花期 6~9 月，果期 9~11 月。

生长环境

◎ 喜高温潮湿、阳光充足的环境，不耐阴，不耐旱，对土壤要求不严。多生于山坡、沟谷、林缘、灌木丛中。

食用部位

◎ 嫩茎叶。

食用方法

◎ 嫩茎叶为野味之佳品，可以凉拌、炒食、炸食，也可以煮粥或泡茶，具有健脾益气的功效。藿香因气味特殊，也可以把叶子作为烹饪佐料或材料。

药用功效

◎ 干燥的地上部分可以入药，味辛，性微温。具有芳香化浊、和胃止呕、发汗解暑的功效，可用于脾胃湿阻、脘腹胀满、暑湿重症、发热倦怠、胸闷不畅、腹痛呕吐等症。藿香有杀菌功能，口含叶片可除口臭，预防传染病。

纸质叶对生，自基部向上渐小

轮伞花序呈圆筒形，穗状，小花淡紫蓝色

野芝麻

别名：地蚕、野藿香、山麦胡、山苏子、白花菜

科属：唇形科野芝麻属

分布：我国东北、华北、华东以及陕西、甘肃、湖北、湖南、四川等

形态特征

⊙ 多年生草本植物。植株高可达 1 米，茎单生，直立生长，四棱形，上有浅槽，茎秆中空，几乎无毛；茎下部的叶呈卵圆形或心形，而茎上部的叶多卵圆状披针形，较茎下部的叶更细长，两面皆疏生柔毛；轮伞花序有花 4~14 朵，着生于茎上部的叶腋；花较小，花冠白色或浅黄色，长约 2 厘米，冠檐二唇形；小坚果淡褐色，呈倒卵圆形，长约 3 毫米；根茎多地下匍匐枝；花期 4~6 月，果期 7~8 月。

生长环境

⊙ 多生于海拔 2600 米左右的路旁、沟渠旁、田边及山坡上。

食用部位

⊙ 嫩苗和嫩茎叶。

食用方法

⊙ 嫩苗或茎叶洗净，开水焯烫后再用清水淘洗数次，然后可以直接蘸酱或以调味料凉拌食用；也可以与其他材料炒食；还可以用盐腌渍后贮藏，以备长期食用。

药用功效

⊙ 全株可入药，味辛、甘，性平。具有凉血解毒、活血止痛、利湿消肿的功效，可用于辅助治疗肺热引起的咯血不止以及月经不调、小儿疳积、跌打损伤等症。

茎高可达 1 米，四棱形

花冠白色或浅黄色

轮伞花序着生于茎上部的叶腋

野芝麻的荚果

茎下部叶卵圆，上部叶细长

香薷

别名：香茹、香草

科属：唇形科香薷属

分布：除新疆、青海外，全国各地均有分布

形态特征

⊙ 直立草本植物。高 0.3~0.5 米，须根较密集；茎呈钝四棱形，中部以上多分枝，无毛或被有疏柔毛，通常呈淡黄褐色，老时变紫褐色；叶片呈椭圆状披针形或卵形，长 3~9 厘米，边缘具有密齿；多花的轮伞花序组成穗状花序，略偏向一侧，长 2~7 厘米；花较小，花冠淡紫色，冠檐二唇形，上唇直立，顶端稍缺，下唇 3 裂；小坚果棕黄色，比较光滑，长圆形，长约 1 毫米；花期 7~10 月，果期 10 月至次年 1 月。

生长环境

⊙ 适应性较强，对土壤要求不严，常野生于海拔 3400 米以下的山野、路旁、荒坡、林下或河岸边。

食用部位

⊙ 嫩茎叶。

食用方法

⊙ 嫩茎叶洗净焯水后可以凉拌、清炒，也可以用来煮粥、泡茶，如香薷大米粥、薄荷香薷茶等，有健胃理气的作用。因其特殊的香气，也可以作为增香调味品用来炖肉汤。

药用功效

⊙ 干燥的地上部分可以入药，味辛性温，能发汗解表、行水化湿、温胃和中、宣肺理气，可用于夏季感冒头痛发热、恶寒无汗、腹痛吐泻、急性肠胃炎、水肿、脚气等症。

叶片呈椭圆状披针形或卵形，边缘具有密齿

多花的轮伞花序组成穗状花序，小花淡紫色

酢浆草

别名：酸浆草、酸酸草、斑鸠酸、三叶酸、钩钩草

科属：酢浆草科酢浆草属

分布：全国各地

形态特征

⊙ 柔弱草本植物。植株高 10~35 厘米，全株被有柔毛；茎纤弱，多分枝，直立或伏地；叶基生或茎上互生；掌状复叶有小叶 3 枚，倒心形，无柄；花单生或几朵集为伞形花序，腋生，总花梗淡红色；花冠黄色，花瓣 5 片，长圆状倒卵形，长 6~8 毫米；蒴果长圆柱形，具有 5 棱，长 1~2.5 厘米；种子长卵形，红棕色或褐色，具有横向肋状网纹；花果期 2~9 月。

生长环境

⊙ 喜阴湿环境，耐旱不耐寒，对土壤要求不严，环境适应性较强，常生于山野荒地、溪流沿岸、路旁或树林阴湿处等。

食用部位

⊙ 嫩茎叶。

食用方法

⊙ 嫩茎叶洗净焯水后，入清水浸泡两小时左右以去其酸涩，可以油盐凉拌而食，也可以炒食或用来做汤，味略酸。生食需适量，过量食用可能会中毒。

药用功效

⊙ 全草可入药，味酸性寒，有小毒，能清热利湿、凉血散瘀、消肿解毒，可用于治疗感冒发热、咽喉肿痛、肠炎、肝炎、痢疾、痔疮、尿路感染等症，外用可治跌打损伤。

掌状复叶有小叶 3 枚，倒心形

花冠黄色，长圆状倒卵形

红花酢浆草

别名：大酸味草、南天七、夜合梅、大叶酢浆草、三夹莲

科属：酢浆草科酢浆草属

分布：我国大部分省份

形态特征

➡ 多年生直立草本植物。茎细弱，分枝较多，常匍匐于地；三出掌状复叶，扁圆状倒心形，长1~4厘米，无毛或略被毛；总花梗基生，多花通常排列成伞形花序，花梗、苞片、萼片均被有毛；花瓣5片，长倒卵形，多紫红色或淡紫色，基部颜色稍深，具有明显纵纹；地下有球状鳞茎，呈褐色，有膜质的外层鳞片，无毛；花果期3~12月。

生长环境

➡ 喜阴湿环境，耐旱不耐寒，环境适应性较强，常生于低海拔地区的山坡、路旁、荒野或沟边。

食用部位

➡ 嫩茎叶。

食用方法

➡ 新鲜的嫩茎叶洗净后入沸水焯烫，再用清水浸泡两小时左右以去其酸涩，捞起沥干后可以油盐凉拌而食，也可以用来炒食或做汤，味道略酸。与酢浆草一样，不宜大量生食，否则易造成食物中毒。

药用功效

➡ 全草可入药，味酸性寒。具有清热利湿、消炎解毒、消肿散淤、活血调经的功效，可用于肾盂肾炎、腹泻痢疾、咽喉肿痛、月经不调、白带异常等症的治疗；外用可治跌打损伤、痈肿疔疮、蛇虫咬伤、烧伤烫伤等。

三出掌状复叶，扁圆状倒心形

花瓣长倒卵形，紫红色或淡紫色，具有明显纵纹

叶下珠

别名： 珠仔草、假油甘、龙珠草、碧凉草

科属： 大戟科叶下珠属

分布： 四川、云南、湖南、广东、江苏、江西、福建、浙江等

形态特征

◆ 一年生草本植物。植株高10~60厘米，茎一般直立，绿色略带紫红色，基部多分枝，有翅状纵棱；叶互生，纸质，作覆瓦状排列，类羽状复叶，矩圆形或倒卵形，几乎无叶柄；花较小，雌雄同株，雄花2~4朵簇生于叶腋，雌花单生于小枝中下部的叶腋内；蒴果红色，为圆球状，表面有凸起的小刺；种子橙黄色，长1.2毫米；花期4~6月，果期7~11月。

生长环境

◆ 喜温暖湿润的环境，稍耐阴，多生于海拔200~1000米的灌木丛或疏林下。

食用部位

◆ 嫩叶。

食用方法

◆ 采摘嫩茎叶用开水焯烫，再以清水淘洗后沥干水分，略以油盐调味即可食用；也可以大火清炒；还可以用来煲汤或煮粥，如叶下珠猪肝汤、叶下珠猪肝粥等，更能发挥叶下珠的保健功效。

药用功效

◆ 全草可入药，味微苦，性凉无毒。内服有清热止泻、疏肝明目、利湿通淋的功效，外用可以解毒消肿。适用于腹泻痢疾、肾炎水肿、便下脓血、里急后重、目赤肿痛、小儿疳积、毒蛇咬伤等症。另外，叶下珠还具有保护肝细胞及提高细胞免疫力的作用。

茎一般直立，绿色略带紫红色，基部多分枝

叶互生，作覆瓦状排列

野豌豆

别名：马豌豆

科属：豆科野豌豆属

分布：我国西南、西北地区

形态特征

○ 多年生草本植物。植株高 30~100 厘米，茎纤细柔弱，斜升或攀缘，茎上生有稀疏柔毛；偶数羽状复叶互生，具有小叶 5~7 对，长圆状披针形或长卵圆形，长 0.6~3 厘米，两面皆被有疏毛，叶轴顶端生有发达的卷须；短总状花序腋生，具有小花 2~6 朵；蝶形花红色或淡紫色，偶见白色；荚果呈宽扁的长圆柱状，长 2~4 厘米，先端有喙，稍弯曲，熟时黑色，有光泽，内含扁圆形种子 5~7 粒；花期 6 月，果期 7~8 月。

生长环境

○ 环境适应性较强，多生于海拔 1000~2200 米的山坡、林下或草丛中。

食用部位

○ 嫩叶或嫩苗。

食用方法

○ 新鲜嫩叶或嫩苗洗净后入沸水焯熟，换清水再淘洗数次后沥干水分，可以加油盐凉拌，也可以大火素炒或同其他食材搭配荤炒，还可以做汤，味道清鲜。

药用功效

○ 夏秋季可采全草入药，味甘性温，具有补肾调经、祛痰止咳、消炎解毒的功效，可用于肾虚乏累、遗精、月经不调、咳嗽痰多等症，外用能治疗疮肿毒。

植株高 30~100 厘米，茎纤细柔弱

偶数羽状复叶，叶轴顶端生有卷须

短总状花序腋生，蝶形花多淡紫色

红车轴草

别名：红三叶、红花苜蓿、三叶草

科属：豆科车轴草属

分布：全国各地

形态特征

◉ 短期多年生草本植物，生长期2~9年。茎一般直立或平卧上升，较粗壮，生有纵棱，无毛或疏被柔毛；掌状三出复叶，总叶柄较长；小叶呈倒卵形或卵状椭圆形，长1.5~5厘米，宽1~2厘米，两面疏被柔毛，叶面常生有Ｖ字形白色斑纹，小叶柄较短；球状或卵状花序顶生，蝶形小花密集，30~70朵，花冠紫红色至淡红色，旗瓣为狭长的匙形，龙骨瓣比翼瓣稍短；荚果呈卵形，一般内生1粒扁圆形的种子。

生长环境

◉ 喜凉爽湿润的环境，耐湿不耐旱，不耐热不耐寒，宜生于排水良好、土质肥沃的黏质壤土中。

食用部位

◉ 嫩茎叶。

食用方法

◉ 嫩茎叶洗净焯水后再以清水淘洗数次，捞起沥干后可以凉拌，也可以炒食、煮汤、做粥，还可以调馅包饺子或包包子等。嫩茎叶生食的话不可过量，否则易中毒。

药用功效

◉ 全草可入药，具有清热凉血、抗菌消炎、祛痰止咳、宁心安神等功效，可用于辅助治疗风热感冒、痰多咳嗽、肺结核等症，外用可治痈肿疮毒及烧烫伤等症。

掌状三出复叶，小叶卵状椭圆形，上有Ｖ字形白斑

球状花序顶生，蝶形小花密集，紫红色至淡红色

南苜蓿

别名： 刺苜蓿、刺荚苜蓿、黄花苜蓿、金花菜、母齐头、黄花草子

科属： 豆科苜蓿属

分布： 安徽、江苏、浙江、江西、湖北、湖南、陕西、云南等

形态特征

➡ 一年生或二年生草本植物。植株高 20~90 厘米，茎平卧或直立上升，近于四棱形，微被毛或无毛；羽状三出复叶，叶柄柔软细长；纸质小叶三角状倒卵形或倒卵形，约等大；头状花序腋生，近伞形，具有花 2~10 朵；花冠黄色，旗瓣倒卵形，翼瓣长圆形，龙骨瓣比翼瓣稍短；荚果暗绿褐色，似盘形，直径 4~6 毫米，有多条辐射状纹路；种子呈棕褐色，平滑，长肾形，长约 2.5 毫米；花期 3~5 月，果期 5~6 月。

生长环境

➡ 环境适应性强，较耐寒，多生于较肥沃的山坡、路旁、林下或荒地。

食用部位

➡ 嫩苗和嫩叶。

食用方法

➡ 采摘嫩叶以开水焯烫，捞出用清水淘洗后以油盐调味即可食用，清新利口；也可以大火清炒或煮汤，调馅包饺子或烙菜饼，口味也不错；还可以拌面粉蒸食或腌渍食用。

药用功效

➡ 夏秋季可以采摘南苜蓿全草入药，味苦、微涩，性平。具有清脾胃、除湿热、利尿消肿的功效，可用于辅助治疗膀胱结石、尿路结石、黄疸病等症，并有一定程度的抗癌作用。

羽状三出复叶，小叶纸质，约等大

头状花序近伞形，花冠黄色

紫苜蓿

别名： 紫花苜蓿、苜蓿

科属： 豆科苜蓿属

分布： 全国各地

形态特征

⊙ 多年生草本植物。高30~100厘米，根粗壮，根茎发达；茎直立、丛生至平卧，四棱形；羽状三出复叶，托叶大，卵状披针形；叶柄比小叶短；小叶长卵形、倒长卵形至线状卵形，纸质，先端钝圆，基部狭窄，楔形，深绿色；花序总状或头状，具有花5~30朵；苞片线状锥形；花长6~12毫米；萼钟形，萼齿线状锥形；花冠淡黄色、深蓝色至暗紫色，花瓣均具有长瓣柄；荚果螺旋状紧卷，熟时棕色；种子卵形，平滑，黄色或棕色；花期5~7月，果期6~8月。

生长环境

⊙ 常生于路旁、旷野、草原、田边、河岸及沟谷等地。

食用部位

⊙ 嫩苗和嫩叶。

食用方法

⊙ 春季采摘嫩苗和嫩叶，洗净后可以炒食、做汤，还可以拌入面粉蒸食，焯熟后加调味料凉拌也很美味。

药用功效

⊙ 全草可入药，具有除湿热、清脾胃、利尿、消肿等功效。

茎直立、丛生至平卧

花冠淡黄色、深蓝色至暗紫色

葛

别名：葛藤、甘葛、野葛

科属：豆科葛属

分布：除新疆、青海、西藏外，全国各地均有分布

形态特征

➡ 粗壮草质藤本植物。缠绕可达 8 米长，全体被有黄褐色硬毛；茎基部木质，有肥厚粗大的块状根；叶互生，有长柄，三出复叶，卵圆形或菱圆形，两面皆密被小毛；总状花序腋生，长 15~30 厘米，中部以上蝶形花密集，蓝紫色或紫色；荚果长椭圆形略扁，长 5~9 厘米，外被褐色长毛；种子扁卵圆形，赤褐色，有光泽；花期 9~10 月，果期 11~12 月。

生长环境

➡ 环境适应性较强，对土壤要求不严，多生于海拔 1700 米以下较温暖潮湿的向阳坡地、沟谷或矮小灌丛中。

食用部位

➡ 花和根。

食用方法

➡ 花可以洗净晒干后煮粥或做汤。根含有大量的淀粉，可以采挖后洗净蒸食或炖汤，也可以晒干后磨成粉制作各种面食。

药用功效

➡ 葛根供药用，味甘性平，具有解表退热、生津止渴、通经活络、透疹止泻的功效，可用于缓解外感发热头痛、项背强痛、烦热消渴、痧疹不透、痢疾、高血压等症。

叶互生，三出复叶，卵圆形或菱圆形

总状花序腋生，中部以上蝶形花密集，蓝紫色或紫色

决明

别名： 草决明、羊角、马蹄决明、还瞳子、假绿豆、马蹄子、羊角豆

科属： 豆科决明属

分布： 贵州、广西、安徽、四川、浙江、广东等

形态特征

⊙ 一年生亚灌木状草本植物。植株高 1~2 米，茎直立粗壮；偶数羽状复叶对生，具有膜质小叶 3 对，先端 1 对小叶最大，倒卵状长椭圆形或倒卵形，长 2~6 厘米，顶端圆钝，基部渐狭；花通常成对腋生；花冠黄色，花瓣 5 片，瓢状阔卵形，长 12~15 毫米；荚果细长，近四棱形，两端渐尖，长达 15 厘米；种子菱形，深褐色，较光亮；花果期 8~11 月。

生长环境

⊙ 喜光照充足、温暖湿润的环境，适应性较强，对土壤要求不严，多生于向阳山坡、沟边、旷野及河滩沙地上。

食用部位

⊙ 苗叶和嫩果。

食用方法

⊙ 采摘开花前的嫩叶，洗净后沸水焯烫，再以清水淘洗，可以凉拌、炒食或做汤。八九月采摘未结子的嫩果，沸水焯烫、清水浸洗后凉拌或炒食皆可。决明叶片晒干后还可以用来泡茶。

药用功效

⊙ 种子可入药，即"决明子"，味苦，性微寒。具有清肝明目、利肠通便的功效，可用于头痛眩晕、高血压、结膜炎、青光眼、大便秘结等症。

花通常成对腋生，花冠黄色，花瓣 5 片，瓢状阔卵形

荚果细长，近四棱形

乌蔹莓

别名：乌蔹草、五叶藤、五爪龙、母猪藤

科属：葡萄科乌蔹莓属

分布：我国华东、中南、西南地区

形态特征

◯ 多年生攀缘草质藤本植物。茎细圆柱形，具有纵纹，无毛或微被疏柔毛，长可达 3 米；鸟足状 5 枚小叶复叶，顶生小叶最大，长椭圆形或椭圆披针形，柄较长；侧生小叶长 1~7 厘米，椭圆形或长椭圆形，几乎无柄；复二歧聚伞花序腋生，花序梗长 1~13 厘米；花萼碟形，向后反折；花瓣 4 枚，黄绿色，三角状宽卵形，外被乳突状毛；浆果近球形，直径约 1 厘米，熟时蓝紫色；花期 5~8 月，果期 9~10 月。

生长环境

◯ 多生于海拔 300~1500 米的低山灌木丛、旷野、荒地等处。

食用部位

◯ 嫩叶。

食用方法

◯ 采集开花前的嫩叶，洗净后入沸水焯烫，再换清水淘洗，可以凉拌、炒食或做汤，还可以制成腌菜贮存备食。

药用功效

◯ 全草可入药，味酸、略苦，性寒。具有清热利湿、解毒消肿的功效，可用于痈肿疔疮、风湿骨痛、痢疾、尿血、咽喉肿痛、跌打损伤、毒蛇咬伤等症。

鸟足状 5 小叶复叶，顶生小叶最大

复二歧聚伞花序腋生，小花黄绿色

浆果近球形，熟时蓝紫色

蕨菜

别名：拳头菜、蕨儿菜、龙头菜、鹿蕨菜、猫爪子

科属：凤尾蕨科凤尾蕨属

分布：我国大部分地区

形态特征

⊙ 多年生草本植物。一般植株高可达1米；蕨菜的叶由地下茎长出，早春时新生叶向内蜷卷，呈三叉状；叶柄鲜嫩，长30~100厘米，被有白色绒毛，草质化后茎秆光滑，绒毛消失；叶片阔三角形或长圆状三角形，2~3次羽状分裂，下部羽片对生；地下根茎长而横走，密被锈黄色柔毛，直径0.6~0.8厘米，长10厘米左右，最长可达30厘米。

生长环境

⊙ 多生长在低山区湿润肥沃、土层较深的向阳地带。

食用部位

⊙ 卷曲的嫩叶芽和根状茎。

食用方法

⊙ 早春采摘未展开的幼嫩叶芽，洗净焯水后再拌以佐料，清凉爽口；也可以与肉丝炒食，口感清香滑润；还可以调馅烙菜饼或加工成干菜、馅料、罐头等，风味各异。秋季挖取根状茎，用以提取淀粉，即"蕨粉"，可以用来制作粉皮、粉条等代粮充饥，兼有补脾益气之效。

药用功效

⊙ 根茎可供药用，味甘、微苦，性寒。具有清热解毒、润肠利湿、理气化痰的功效，可用于食嗝、气嗝、肠风热毒、湿热腹泻、小便不利、大便秘结等症。

叶由地下茎长出，新生叶向内蜷卷，呈三叉状

叶片阔三角形，2~3次羽状分裂

凤仙花

别名：指甲花、急性子、凤仙透骨草、女儿花、金凤花

科属：凤仙花科凤仙花属

分布：我国南北各地

形态特征

➡ 一年生草本植物。植株高40~100厘米，肉质茎粗壮，直立，光滑而多汁，基部多纤维根；叶互生，多披针形或倒披针形，长4~12厘米，叶缘生有锐锯齿，两面被有疏柔毛或无毛，叶脉鲜明；花单生或数朵簇生于叶腋，单瓣或重瓣，无总花梗，花色鲜艳；花冠多白色、粉色、橘色或紫红色；子房纺锤形，密被柔毛；蒴果呈宽纺锤形，长10~20毫米，密被柔毛；种子黑褐色，呈圆球形，直径1.5~3毫米；花期7~10月。

生长环境

➡ 喜光照充足的环境，稍耐贫瘠，不耐寒，忌水涝，宜生于疏松肥沃、排水良好的土壤中。

食用部位

➡ 嫩叶和种子。

食用方法

➡ 煮肉、炖鱼时放几粒凤仙花的种子，能使食材更酥烂、易入味。春季的凤仙花和嫩叶焯水后可以凉拌食用，但口味不佳。

药用功效

➡ 茎和种子可以入药。茎称为"凤仙透骨草"，具有祛风除湿、活血止痛的功效，可用于辅助治疗风湿骨痛、关节不利等症；种子称为"急性子"，具有软坚、消积的功效，可用于治疗噎膈、腹部肿块、经闭腹痛等症。

叶互生，多披针形，叶缘生有锐锯齿

花数朵簇生于叶腋，花色鲜艳

假蒟

别名： 假蒌、臭蒌、山蒌、大柄蒌

科属： 胡椒科胡椒属

分布： 福建、广东、广西、云南、贵州、西藏等

形态特征

⊙ 多年生草本植物。匍匐逐节生根，小枝无毛或幼时被有极细的粉状短柔毛；叶近膜质，上部叶小，卵形或卵状披针形，下部叶阔卵形或近圆形；叶柄长 2~5 厘米，匍匐茎的叶柄长可达 7~10 厘米；叶鞘长度为叶柄的一半；花单性，雌雄异株，聚集成与叶对生的穗状花序；雄花序长 1.5~2 厘米，总花梗与花序等长或略短，苞片扁圆形，盾状；雌花序长 6~8 毫米，在果期稍延长，苞片近圆形，盾状；浆果近球形，有四角棱；花期 4~11 月。

生长环境

⊙ 多生于林下或村旁的湿地上。

食用部位

⊙ 叶子。

食用方法

⊙ 人们常用它的叶子来做菜，如炒田螺、假蒟牛肉饼等，也可以用来包肉粽，既解腻又祛湿。因叶子有异香，也是一味重要的调味品，煮饭或炖汤时放少许的假蒟叶片，更清香美味。

药用功效

⊙ 全株、根、叶和果实均可入药。能温中散寒、祛风利湿、消肿止痛，可用于风寒咳嗽、胃肠寒痛、风湿骨痛、牙龈肿痛、水肿、跌打损伤等症。

叶近膜质，上部叶卵形或卵状披针形

浆果近球形，有四角棱

花单性，雌雄异株，穗状花序

白茅

别名：茅针、丝茅草、茅根、茅草、兰根

科属：禾本科白茅属

分布：辽宁、河北、山西、山东、陕西、新疆等北方地区

形态特征

◎ 多年生草本植物。茎秆直立，高 25~80 厘米，光滑无被毛；叶鞘集生于茎秆的基部，质地较厚实；分蘖叶片扁平，质地较纤薄，长约 20 厘米；秆生叶片呈窄线形，通常向内翻卷；圆锥花序圆柱状，长 9~20 厘米，宽 3 厘米左右，由披针形或矩圆形的小穗密集而成；颖果椭圆形，长约 1 毫米，成熟后自柄上脱落；根状茎粗长有须根，长 30~60 厘米，呈长圆柱形，表面黄白色或淡黄色，味微甜；花果期 7~9 月。

生长环境

◎ 适应性很强，耐阴耐旱耐瘠薄，多生于低山地区的河岸边、沙地草甸、荒漠与海滨。

食用部位

◎ 嫩芽和根茎。

食用方法

◎ 春季采摘白茅的嫩芽，剥去外面紧缚的叶片即可生食其嫩心儿，口感绵软，清鲜甘甜。秋季采挖白茅细长的地下根茎，洗净后可嚼食其汁液，味微甜。

药用功效

◎ 根与花序均可入药，味甘性寒，有凉血止血、清热利尿的功效，对吐血不止、尿血便血、二便不利、湿热黄疸、急性肾炎、肺热咳嗽、外伤出血等症有一定的疗效。

叶片呈窄线形

圆锥花序圆柱状，长 9~20 厘米

野燕麦

别名：乌麦、铃铛麦、燕麦草

科属：禾本科燕麦属

分布：我国南北各地

形态特征

❍ 一年生草本植物。植株高60~120厘米，秆纤细直立，光滑无毛；叶鞘松弛，叶片扁平，长10~30厘米，微粗糙；圆锥花序开展，呈金字塔形，长10~25厘米，分枝多有棱角，粗糙；小穗长18~25毫米，略俯垂，顶端膨胀，含2~3朵小花；小穗柄细长而韧，不易断裂；颖果腹面具有纵沟，被有淡棕色柔毛，长6~8毫米；须根较坚韧；花果期4~9月。

生长环境

❍ 多生于路旁、荒芜的田野，或为田间杂草。

食用部位

❍ 种子。

食用方法

❍ 燕麦粒含有丰富的蛋白质和膳食纤维，营养价值较高，是一种优质的天然食材。可以用来煮粥，如燕麦牛奶粥、燕麦银耳粥、水果燕麦粥等；还可以把燕麦粒磨成面粉用来制作各种面食，如面饼、面包、面条、面汤等。

药用功效

❍ 全草可入药，味甘性温，具有补虚益气、敛汗止血的功效，可用于辅助治疗自汗、盗汗、体虚多汗、吐血、白带过多、崩漏等症。另外，野燕麦含有丰富的膳食纤维，对糖尿病患者大有益处，有非常好的降糖作用。

秆直立，光滑无毛，高60~120厘米

颖果被有淡棕色柔毛，腹面具有纵沟

芦苇

别名：苇、芦、芦笋、蒹葭

科属：禾本科芦苇属

分布：我国大部分省份

形态特征

● 多年生草本植物。茎秆直立，高 1~3 米，具有 20 多节，节下常生白粉；叶片披针状线形，长 30 厘米，无毛，顶端渐尖成丝形，排成两行；大型圆锥花序顶生，长 20~40 厘米，分枝稠密，向斜伸展稍下垂，着生多数小穗，白绿色或褐色；花序最下方的小穗为雄花，其余皆为两性花；颖果呈披针形，顶端有宿存花柱；根状茎匍匐，长而粗壮；花期 8~12 月。

生长环境

● 芦苇生长强势，各种有水源的空旷地带皆可生长，如灌溉沟渠旁、河堤沼泽地、池塘鱼塘边、低湿洼地等。

食用部位

● 嫩芽。

食用方法

● 新鲜嫩芽洗净后可以直接生食，也可以凉拌或做汤，还可以清炒或搭配其他荤素食材同炒，如炒蘑菇、炒肉丝、炒腊肉等，是家常菜肴中的一味佳品。

药用功效

● 根状茎可入药，味甘性寒，具有利尿解毒、清热生津、除烦止呕的功效，可用于清胃火、除肺热、健脾胃。另外，芦花可以止血解毒，芦叶研为粉末外敷，可治疮痈溃烂。

叶片披针状线形，排成两行

大型圆锥花序顶生，着生多数小穗

薏苡

别名：药玉米、水玉米、晚念珠、六谷迷、石粟子、苡米

科属：禾本科薏苡属

分布：我国大部分省份

形态特征

➔ 一年生草本植物。植株高1~2米，茎秆直立丛生，约10节，节处多分枝；叶大型，线状披针形，长10~40厘米，绿色无毛，叶背中脉隆起；总状花序腋生成束，长4~10厘米，直立或下垂，总花梗较长；雄小穗着生于总状花序上部，一般2~3对；雌小穗位于花序最下部，外包以念珠状总苞；总苞呈卵圆形，珐琅质，坚硬有光泽；颖果较小，卵形或卵状球形；须根较粗，黄白色，海绵质；花果期6~12月。

生长环境

➔ 喜湿润的环境，多生于海拔200~2000米的池塘边、河沟里或山谷中。

食用部位

➔ 种仁。

食用方法

➔ 种仁舂去外皮后就是常说的薏米，可做成粥、饭、各种面食供人们食用。尤其是和赤小豆同煮而食，有极佳的祛湿效果，长期食用还可以美白、除疣。

药用功效

➔ 薏苡仁味甘、淡，性微寒，具有健脾利湿、清热排脓、美容养颜的功效，可用于脾虚腹泻、风湿痹痛、肺痈肠痈、肝硬化腹水、阑尾炎、扁平疣等症的治疗。

叶大型，线状披针形，绿色无毛

总苞呈卵圆形，珐琅质，坚硬有光泽

黑三棱

别名： 湖三棱、泡三棱、红蒲根、京三棱、草三棱、荆三棱、芩根

科属： 黑三棱科黑三棱属

分布： 我国东北、黄河流域及长江中下游地区

形态特征

○ 多年生水生或沼生草本植物。高 50~100 厘米，茎圆柱状，直立粗壮；叶丛生，叶片线形，长 40~90 厘米，背面具有 1 条纵棱，基部抱茎；圆锥花序较大型，长 20~60 厘米，开展，一般有 3~7 个侧枝，每个侧枝上生有 7~10 个雄性头状花序和 1~2 个雌性头状花序，主轴通常无雌性头状花序；雄性头状花序在花期呈球形，直径大约 1 厘米；果实倒卵状圆锥形，褐色，长 6~9 毫米；根状茎粗大，外皮黄褐色；花果期 5~10 月。

生长环境

○ 常生于海拔 1500 米以下的湖泊、沟渠、河流、沼泽、水塘边的浅水处。

食用部位

○ 嫩茎。

食用方法

○ 春季采集黑三棱的嫩茎，剥去粗厚的外皮，入沸水焯熟后沥干水分稍晾凉，以油盐等调味料稍加调制即可食用。

药用功效

○ 黑三棱的块茎是我国常用的中药，即"三棱"，味辛、苦，性平，具有祛瘀消积、破血行气、消炎止痛、通经下乳等功效，主要用于血瘀腹痛、胸痹心痛、食积腹胀、反胃恶心、疮肿坚硬、乳汁不下等症的治疗。

叶丛生，叶片线形，背面具有 1 条纵棱，基部抱茎

圆锥花序，开展，较大型

蜀葵

别名：一丈红、戎葵、大蜀葵

科属：锦葵科蜀葵属

分布：我国华北、华南、华东、华中地区

形态特征

● 二年生直立草本植物。植株高可达 2 米，茎秆及其分枝上有浓密的刺毛；叶片直径 6~16 厘米，近圆心形，掌状 5~7 裂或波状棱角，裂片粗糙，呈三角形或圆形，上面有稀疏的星状柔毛，下面有星状的长硬毛或茸毛，叶柄较长，被有星状长硬毛；花单生于叶腋或近簇生，总状花序，苞片叶状，花梗较短；花大型，有红、白、紫、黄、粉红及黑紫等颜色，单瓣或重瓣，花瓣呈倒卵状三角形；果盘状，被有短柔毛；花期 6~8 月，果期 8~9 月。

生长环境

● 原产于我国西南地区，喜阳光充足的环境，忌水涝，宜生于疏松肥沃、排水良好的沙质土壤中。

食用部位

● 嫩苗和花。

食用方法

● 嫩苗采回来后，入沸水焯烫，捞出用清水漂净，可以直接炒食或加调味料凉拌。鲜花采后洗净，与其他食材一起炒食，也可以用来做汤，有很好的点缀作用。

药用功效

● 全草均可入药，具有清热解毒、利尿通淋、消肿散结等功效，对痈肿疮疡、肠炎、尿道感染、尿路结石、小便赤痛及烧烫伤等症有很好的疗效。

总状花序顶生

叶片近圆心形，掌状分裂或波状棱角

花为单瓣或重瓣，花瓣呈倒卵状三角形

花有叶状苞片，花梗较短

花腋生，大型，颜色丰富

冬葵

别名： 葵菜、冬苋菜、薪菜、皱叶锦葵

科属： 锦葵科锦葵属

分布： 湖南、四川、贵州、云南、江西、甘肃等

形态特征

➪ 一年生草本植物。茎高 20~80 厘米，被有柔毛，一般不分枝 叶片呈圆肾形，掌状 5~7 浅裂或角裂，裂片三角状圆形，叶缘生有细锯齿且特别折皱曲旋；叶柄细弱，长 4~7 厘米，被有疏毛；花较小，单生或数朵簇生于叶腋，几乎无梗；花冠白色或淡红色，花瓣 5 片，倒卵形，先端微凹；蒴果呈扁球形，直径约 8 毫米，包在宿存萼内，成熟后与轴脱离；种子暗黑色，肾形，直径约 1 毫米；花期 6~9 月。

生长环境

➪ 喜冷凉湿润的环境，不耐高温不耐寒，对土壤要求不严，宜生于排水良好、疏松肥沃的土壤中。

食用部位

➪ 幼苗和嫩茎叶。

食用方法

➪ 幼苗和嫩茎叶营养非常丰富，春季采摘嫩茎叶，剥去茎叶和叶柄的外皮，可以大火清炒或做汤，味道清香，口感柔滑；也可以拌面粉蒸食或做馅；还可以焯水晾干后做成干菜或依个人口味腌渍储存备食。

药用功效

➪ 全株可入药，味甘性寒，具有润燥利窍、催乳、润肠通便的功效，可用于辅助治疗肺热咳嗽、热毒下痢、大便燥结、恶疮、淋症等症。

叶片呈圆肾形，掌状 5~7 浅裂，叶缘生有细锯齿

花单生或数朵簇生于叶腋，较小

锦葵

别名：荆葵、钱葵、小钱花、金钱紫花葵、小白淑气花、淑气花

科属：锦葵科锦葵属

分布：我国大部分省份

形态特征

➡ 二年生或多年生直立草本植物。茎高 50~90 厘米，分枝较多，表面疏被粗毛；叶片呈圆心形或肾形，掌状 5~7 裂，裂片近卵圆形，叶缘具有圆齿，叶柄较长，几乎无毛，叶脉清晰；花 3~11 朵簇生于叶腋，花冠呈白色或紫红色，直径 3.5~4 厘米，匙形花瓣 5 片，长 2 厘米，具有鲜明脉纹，顶端微凹；果实呈扁圆形，被有柔毛，直径约 5~7 毫米，肾形分果爿 9~11；种子肾形，黑褐色，长约 2 毫米；花期 5~10 月。

生长环境

➡ 喜阳光充足的环境，耐寒耐旱，对土壤要求不严，适应性比较强。

食用部位

➡ 嫩茎叶和花。

食用方法

➡ 采集锦葵的嫩茎叶，洗净后入沸水焯烫，再捞出用清水浸洗数次，沥干水分后稍以油盐调味即可食用；也可以搭配其他荤素食材炒食、做汤；还可以拌面粉蒸食或剁碎做馅。锦葵的花可以用来做香茶。

药用功效

➡ 茎、叶、花皆可入药，味咸性寒，具有清热利尿、润肠通便的功效，可用于大便秘结、腹胀腹痛等症。

叶片呈圆心形或肾形，掌状 5~7 裂

花朵簇生于叶腋

花冠白色或紫红色，花瓣匙形

费菜

别名：土三七、四季还阳、景天三七、长生景天、金不换、田三七

科属：景天科景天属

分布：我国东北、华北、西北、华中以及四川、江西、安徽等

形态特征

⊙ 多年生草本植物。茎高20~50厘米，粗壮直立，光滑无被毛，不分枝；单叶互生，叶片近革质，比较厚实，呈狭披针形或椭圆状披针形，长3.5~8厘米，宽1~2厘米，叶缘具有不规则锯齿；多花密集组成顶生的聚伞花序，水平分枝，较为开展；花冠黄色，花瓣5片，呈长圆形至椭圆状披针形，有小短尖；蓇葖长7毫米，呈星芒状排列；种子呈椭圆形，长约1毫米；根状茎较为粗短；花期6~7月，果期8~9月。

生长环境

⊙ 适应性较强，耐旱耐寒，对土壤无严格要求，多生于林地边缘、灌木丛中或山坡荒地。

食用部位

⊙ 嫩叶。

食用方法

⊙ 费菜含有多种营养成分，是一种优质的保健蔬菜，常食可以提高人体免疫力。采集嫩叶后洗净焯水以去除酸味，再以油盐调制即可食用；还可以切段后拌玉米面或面粉蒸食；用来烧汤或炖肉也是不错的选择。

药用功效

⊙ 全草晒干后可入药，味酸性平，具有散淤止血、宁心安神、镇痛解毒、利湿消肿的功效，可用于辅助治疗跌打损伤、咳血吐血、心悸失眠、痈肿疮毒等症。

叶互生，多呈椭圆状披针形，叶缘具有不规则锯齿

多花水平分枝组成聚伞花序，花瓣披针形

桔梗

别名：包袱花、铃铛花、僧帽花

科属：桔梗科桔梗属

分布：我国东北、华北、华东、华中以及广东、贵州等

形态特征

⊃ 多年生草本植物。茎高 20~120 厘米，通常无毛，有时密被短毛，一般不分枝；叶全部轮生或部分轮生至全部互生，叶片多呈卵状椭圆形、披针形或卵形，长 2~7 厘米，无柄或柄极短；花单生于茎顶，或数朵聚集成假总状花序，或有花序分枝而集成圆锥花序；花冠较大，蓝色或紫色；蒴果球状、倒卵状或球状倒圆锥形；肉质根圆柱形或纺锤形，下部渐细，多分枝，长 6~20 厘米，表面淡黄白色；花期 7~9 月。

生长环境

⊃ 喜光照充足的凉爽气候，较耐寒，宜生于海拔 1100 米以下的丘陵地带的砂质壤土中。

食用部位

⊃ 嫩叶和根。

食用方法

⊃ 未开花的嫩茎叶，沸水焯烫后以清水淘洗数次，稍控水后凉拌、炒菜、做汤皆可。其肉质根可以直接切片炒食或作为炖汤炖菜的配料，还可以腌渍成咸菜或泡菜储存备食。

药用功效

⊃ 根含有桔梗皂甙，药用有宣肺利咽、止咳祛痰、消炎排脓等功效，可用于咳嗽痰多、胸闷不畅、肺痈吐脓等症。

叶轮生或部分轮生至全部互生，无柄或柄极短

花冠较大，蓝色或紫色

沙参

别名：泡参、白参、知母、羊乳、羊婆奶、铃儿草、虎须

科属：桔梗科沙参属

分布：我国东北及河北、山东、江苏、浙江、广东、云南等

形态特征

⊙ 多年生草本植物。茎高 40~80 厘米，直立不分枝，通常被有短硬毛或长柔毛；基生叶心形，叶阔柄长；茎生叶互生，叶片呈椭圆形或狭卵形，叶缘有不规则锯齿，长 3~11 厘米，无柄或柄极短；花序呈假总状或极狭圆锥状，花梗极短；花冠蓝色或紫色，多呈宽钟状，具有 5 浅裂，倒垂；蒴果多椭球形，长 6~10 毫米；根胡萝卜状，黄白色；花期 8~10 月。

生长环境

⊙ 喜温暖或凉爽气候，耐寒，较耐旱，多生于低山地区的草丛中或岩缝内。宜生于土层深厚、排水良好的砂质壤土中。

食用部位

⊙ 块根。

食用方法

⊙ 块根洗净后入水煮熟至烂，以清水淘洗多次去除苦味，然后用来炖汤或煮粥，如沙参炖排骨、沙参炖乳鸽、沙参玉竹猪肺汤、沙参百合老鸭汤等，也可以用来煲糖水，都是十分滋补的美味佳肴。

药用功效

⊙ 根可入药，甘而微苦，具有滋阴清肺、化痰止咳、益胃生津的功效，可用于肺热咳嗽、气阴不足、咽痒痰少、烦热口干等症。

花冠宽钟状，蓝色或紫色，倒垂

花序呈假总状或极狭圆锥状

青蒿

别名：草蒿、邪蒿、香蒿、白染艮、苦蒿

科属：菊科蒿属

分布：我国大部分省份

形态特征

🔁 一年生草本植物。植株有香气，茎直立单生，纤细无毛，高30~150厘米，上部多有分枝，下部稍木质化；叶互生，两面青绿色或淡绿色，多次羽状分裂，裂片略呈线状披针形；头状花序常下垂，半球形或近半球形，直径3.5~4毫米，在分枝上排成穗状花序式的总状花序，并在茎上组成较为开展的圆锥花序；小花淡黄色，花冠狭管状，花柱略高于花冠；瘦果长圆形至椭圆形；花果期6~9月。

生长环境

🔁 常星散生于低海拔、较湿润的水岸边、山野、林下、路边等。

食用部位

🔁 嫩茎叶。

食用方法

🔁 嫩茎叶焯水后可以凉拌、清炒或做汤。南方常用来做成面食，俗称"蒿团"或"青团"，为清明节气菜的一种。夏日煮水饮用，是天然解暑的清凉饮料。

药用功效

🔁 全草可入药，味苦、辛，性寒。具有清热凉血、解暑截疟、祛风止痒的功效，可用于阴虚潮热、骨蒸劳热、寒热发渴、久痔便血、湿热黄疸等症，也可以治虚劳盗汗、中暑等症。

茎单生，高30~150厘米，上部多有分枝

叶两面青绿色或淡绿色，多次羽状分裂

蒌蒿

别名：芦蒿、水艾、香艾、水蒿、藜蒿、龙蒿、狭叶青蒿

科属：菊科蒿属

分布：我国东北、华北、华中、华东地区等

形态特征

● 多年生草本植物。植株高60~150厘米，茎直立，初时绿褐色后为紫红色，无毛有纵棱；纸质单叶互生，叶背密被细毛，有柄；下部叶在花期枯萎，中部叶羽状深裂，上部叶3裂或线形而全缘；花顶生及腋生，多数小头状花序排列成穗状花序；花冠筒状，淡黄色，外层雌性，内层两性，均结实；瘦果呈卵形，略压扁，无毛，上端偶有不对称的花冠着生面；根茎稍粗，有匍匐地下茎；花果期8~11月。

生长环境

● 多生于低海拔地区的山谷坡地、路旁荒地、河岸沼泽等处。

食用部位

● 嫩茎叶和根状茎。

食用方法

● 蒌蒿的嫩茎叶是一种天然优质野菜，洗净后可以直接凉拌，气味清香，脆嫩爽口；也可以同其他食材如腊肉、香干等搭配炒食；还可以拌面粉做成蒸菜。其根状茎可以腌渍储存备食。

药用功效

● 蒌蒿，中医称之"茵陈"。全草可入药，味甘、辛，性温，具有止血消炎、镇咳化痰、利膈开胃、补中益气的功效，可用于痰多咳嗽、食欲不振、五脏邪气、风寒湿痹等症。

茎初时绿褐色后为紫红色，无毛有纵棱

单叶互生，叶片羽状深裂

多数小花排列成穗状花序

野艾蒿

别名：荫地蒿、小叶艾、狭叶艾、艾叶、苦艾、陈艾

科属：菊科蒿属

分布：我国大部分省份

形态特征

⊙ 多年生草本植物。植株高 50~120 厘米，茎直立，具有纵棱，成小丛，上部有斜升的花序枝，被有灰白色短柔毛；叶纸质，密被灰白柔毛；基生叶和茎下部叶有长柄，宽卵形或近圆形，中部叶柄稍短，卵形、长圆形或近圆形，上部叶近无柄，全部叶片羽状全裂或深裂；头状花序极多，椭圆形或长圆形，花冠管状，檐部紫红色；根状茎稍粗，常匍匐贴地，有细短的营养枝；瘦果呈长卵形或倒卵形；花果期 8~10 月。

生长环境

⊙ 喜阳光充足的环境，较耐寒，适应性强，多生于中低海拔地区的林下、阳坡、草地、灌木丛等。

食用部位

⊙ 嫩苗。

食用方法

⊙ 嫩苗清鲜美味，是春季野菜中的佳品，洗净焯水后可以凉拌、炒食或做汤、做馅，也可以腌制成酱菜储存备食。南方地区的人们多用来做"清明团子"、蒿子粑粑。

药用功效

⊙ 野艾蒿入药作"艾"（家艾）的代用品，具有理气行血、温中逐冷、祛风除湿、调经止血等功效，多用于辅助治疗感冒头痛、月经不调、产后惊风、小儿脐疮等症。

叶纸质，密被灰白柔毛，羽状全裂或深裂

头状花序极多，椭圆形或长圆形，花冠檐部紫红色

茵陈蒿

别名：因尘、茵陈、绵茵陈

科属：菊科蒿属

分布：辽宁、河北、山东、浙江、福建、湖南、四川及河南东部和南部等

形态特征

◎ 半灌木状草本植物。主根明显木质，垂直或斜向下伸长；茎单生或少数，基部木质化，上部分枝多；基生叶卵圆形或卵状椭圆形，二至三回羽状全裂，每个裂片再 3~5 全裂；中部叶宽卵形、近圆形或卵圆形，上部叶与苞片叶羽状 5 全裂或 3 全裂；头状花序卵球形，稀近球形，常排成复总状花序，并在茎上端组成大型的开展的圆锥花序；雌花 6~10 朵，两性花 3~7 朵；瘦果长圆形或长卵形；花果期 7~10 月。

生长环境

◎ 常生于低海拔的河岸、海岸附近的湿润沙地、路旁及山坡地区。

食用部位

◎ 幼苗和嫩叶。

食用方法

◎ 11 月至次年 4 月采摘幼苗和嫩叶，洗净后可以做汤、炒食，焯熟后可以凉拌，还可以拌入面粉做成蔬菜饼蒸食。

药用功效

◎ 幼嫩枝可入药，具有清热、利湿、消炎、散结、退黄及清肝利胆等功效，可用于湿热黄疸、小便不利、高血压、风痒疮疥、风湿等症。

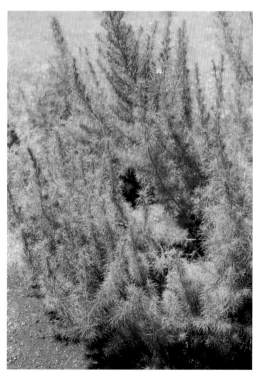

茎上部分枝多，基部木质化

上部叶羽状 5 全裂或 3 全裂

红花

别名：红蓝花、刺红花

科属：菊科红花属

分布：河南、湖南、四川、新疆、西藏等

形态特征

⊃ 一年生草本植物。植株高30~100厘米，茎直立，光滑无毛，上部多分枝；革质叶互生，长椭圆形或披针形，叶缘具有各式锯齿，齿端生有细针刺，叶片自茎秆基部向上渐小，质地坚硬有光泽，无柄；头状花序单生于茎端，为苞叶所围绕；总苞卵形，苞片4层，全部苞片无毛无腺点；小花两性，多红色、橘红色，花冠长2.8厘米，裂片针形；瘦果乳白色，长约5毫米，倒卵形，具有4肋；花果期5~8月。

生长环境

⊃ 喜温暖干燥气候，耐寒耐旱，较耐贫瘠，忌水涝。宜生于排水良好、中等肥沃的砂质土壤中。

食用部位

⊃ 嫩叶和种子。

食用方法

⊃ 嫩叶清洗后焯熟，稍以油盐调味即可食用，也可以炒食、煮粥、做羹或调馅包饺子、包包子等。红花的种子榨出的油可以直接食用，有极佳的保健效果。

药用功效

⊃ 花可以入药，味辛性温，具有活血调经、疏肝通络、利水消肿、散淤止痛的功效，多用于辅助治疗妇科病，如闭经、痛经、恶露不行、淤滞腹痛等症。

叶互生，长椭圆形或披针状，质地坚硬有光泽

头状花序单生于茎端

小花多红色、橘红色，裂片针形

刺儿菜

别名： 小蓟、青青草、蓟蓟草、刺狗牙、刺蓟、枪刀菜、小恶鸡婆

科属： 菊科蓟属

分布： 除西藏、云南、广东、广西外，全国各地均有分布

形态特征

◎ 多年生草本植物。植株高 20~50 厘米，茎直立，具有纵棱，上部多分枝；基生叶和中部茎叶多长椭圆形或椭圆状倒披针形，上部茎叶较下部叶稍小，披针形或线状披针形，所有叶片均无叶柄，叶缘具有针刺；头状花序直立，单生于茎部顶端，有的数朵在顶端排成疏松的伞房花序；总苞片多层，呈覆瓦状排列，由外层向内层苞片渐长；管状小花白色或紫红色；瘦果常压扁，呈淡黄色，近似椭圆形，长 3 毫米；花果期 5~9 月。

生长环境

◎ 环境适应性极强，普遍群生于荒野、路埂、田边，为常见杂草。

食用部位

◎ 嫩苗和嫩叶。

食用方法

◎ 嫩苗和嫩茎叶采摘洗净后沸水焯烫，再入清水中浸泡数次以去除异味，捞出后控干水分可以清炒、做汤、煮蔬菜粥，或者用于制作包子馅、饺子馅、晒干菜、腌咸菜等均可。

药用功效

◎ 全株可入药，味甘、苦，性凉，具有凉血止血、清热除烦、散淤消肿的功效，可用于夏月烦热口干、小便不利、痈肿疮毒以及吐血、便血、外伤出血等各种出血症。

叶无柄，边缘具有针刺

管状小花白色或紫红色

大蓟

别名：大刺儿菜、大刺盖、老虎荆

科属：菊科蓟属

分布：我国南北各地

形态特征

● 多年生草本植物。茎直立，呈圆柱形，有多条纵棱，表面绿褐色或棕褐色，被有丝状毛；基生叶较大，羽状深裂或几乎全裂，长8~20厘米，叶缘具有疏齿和不等长细针刺；茎生叶较基生叶渐小；头状花序直立，着生于茎顶，呈球形或椭圆形；总苞钟状，黄褐色，多层，覆瓦状排列；管状花红色或紫色；瘦果压扁，块根纺锤状或萝卜状。

生长环境

● 环境适应性极强，不挑剔，多见于田边、路埂、荒野、山坡等处。

食用部位

● 嫩叶和肉质根。

食用方法

● 采集大蓟的嫩茎叶，洗净焯水后以凉水浸泡去其苦涩，捞出控干后可以油盐凉拌而食，也可以搭配鸡蛋或肉类等炒食，用来做汤、做馅、煮蔬菜粥等也不错，还可以拌面粉蒸食或制作干菜、腌菜。秋季采挖其肉质根，清水洗净后剪去杂根可以用来制作酱菜。

药用功效

● 全草可入药，味甘、苦，性凉，具有凉血止血、清热降火、祛淤消肿的功效，可用于心热吐血、小便热淋、尿血便血、咽喉肿痛、跌打损伤、癣疮作痒等症。

头状花序顶生，球形或椭圆形，管状花红色或紫色

叶片羽状深裂，叶缘具有疏齿和细针刺

金盏菊

别名： 金盏花、黄金盏、长生菊、醒酒花、常春花、金盏

科属： 菊科金盏菊属

分布： 全国各地

形态特征

➡ 一年生草本植物。高 20~75 厘米，基生叶长圆状倒卵形或匙形，全缘或具有疏细齿，茎生叶长圆状披针形或长圆状倒卵形；头状花序单生茎枝顶端；总苞片 1~2 层，披针形或长圆状披针形；小花黄色或橙黄色，长于总苞的两倍，舌片宽达 4~5 毫米；管状花檐部具有三角状披针形裂片；瘦果全部弯曲，淡黄色或淡褐色，外层的瘦果大半内弯，外面常具有小针刺，顶端具有喙；花期 4~9 月，果期 6~10 月。

生长环境

➡ 喜光照，耐瘠耐旱，较耐寒，对土壤要求不严，适应性强。

食用部位

➡ 嫩叶和新鲜花朵。

食用方法

➡ 嫩叶焯水后以清水淘洗数次，可以油盐调制而食，也可以炒食或做汤、煮花粥等。新鲜花朵焯熟后可以做沙拉配料，也可以用来泡茶，或煮汤时用作点缀。

药用功效

➡ 根、花、叶均可入药，具有疏肝行气、抗菌消炎的功效，夏季采其花泡茶饮用可以养肝明目、消炎解暑，外用可以杀菌抗霉、防止溃烂、减轻烧烫伤等。

花朵大，直径 4~5 厘米

头状花序单生于茎顶

小花黄色或橙黄色

珍珠菜

别名： 珍珠草、矮桃、珍珠花菜、红根草

科属： 报春花科珍珠菜属

分布： 东北、华中、西南、华南、华东及河北、陕西等

形态特征

⊙ 多年生草本植物。根茎横走，淡红色；茎直立，圆柱形，基部带红色，不分枝；叶互生，长椭圆形或阔披针形，先端渐尖，基部渐狭，两面散生黑色粒状腺点；总状花序顶生，花密集，常转向一侧，后渐伸长；苞片线状钻形，比花梗稍长；花梗长 4~6 毫米，花萼长 2.5~3 毫米，分裂近达基部，裂片卵状椭圆形，先端圆钝，周边膜质，有腺状缘毛；花冠白色，裂片狭长圆形，先端圆钝；蒴果近球形，直径 2.5~3 毫米；花期 5~7 月，果期 7~10 月。

生长环境

⊙ 常生于山坡林缘和草丛中。

食用部位

⊙ 嫩叶。

食用方法

⊙ 春季采摘嫩叶洗净后焯水，捞出入冷水浸泡去涩味，可以凉拌、炒食、做汤。

药用功效

⊙ 全草可入药，具有清热利湿、解毒消痈、活血散瘀的功效，主治水肿、热淋、黄疸、尿路感染、风热湿痹、乳痈、水肿胀满、跌打损伤、外伤出血等症。

总状花序顶生，花密集，常转向一侧

叶互生，长椭圆形或阔披针形

蒲公英

别名：华花郎、蒲公草、食用蒲公英、尿床草、婆婆丁

科属：菊科蒲公英属

分布：我国大部分省份

形态特征

⊙ 多年生草本植物。植株高 10~25 厘米，叶基生，呈莲座状排列，叶多倒卵状披针形、倒披针形，边缘有时羽状深裂或具有波状齿，基部渐狭，叶柄及主脉常带有红紫色，含白色乳汁；花葶 1 个至数个，上部紫红色；头状花序单一顶生，直径约 30~40 毫米；舌状花鲜黄色，裂片先端比较平直，有 5 个裂齿；瘦果暗褐色，倒卵状披针形，种子上有白色长冠毛，结成绒球；根略呈圆锥状，表面棕褐色，皱缩；花期 4~9 月，果期 5~10 月。

生长环境

⊙ 适应性较强，广泛生于中低海拔地区的荒坡、路旁、水岸边等。

食用部位

⊙ 开花前的嫩茎叶。

食用方法

⊙ 嫩叶洗净控干水分可以蘸酱生食，清鲜但略苦。嫩茎焯水后清水浸洗去除苦味，可以凉拌或炒肉丝，亦美味；还可以煮粥、调馅、做汤或拌面粉蒸食，食法多样。

药用功效

⊙ 全株可入药，味苦、甘，性寒，具有清热凉血、消肿解毒、利尿散结的功效，可用于辅助治疗疗毒疮肿、感冒发热、尿路感染以及各种急慢性炎症。

叶基生，呈莲座状排列，叶多倒卵状披针形、倒披针形

舌状花鲜黄色，裂片先端比较平直

种子上有白色长冠毛，结成绒球

苦苣菜

别名： 滇苦菜、苦荬菜、拒马菜、苦苦菜、野芥子

科属： 菊科苦苣菜属

分布： 我国东北、华北和西北地区

形态特征

➡ 一年生或二年生草本植物。植株高 40~150 厘米，茎单生直立，具有纵棱，光滑无毛；叶多形，羽状深裂、倒披针形或椭圆形，基部抱茎或半抱茎，质地较薄，边缘有锯齿；头状花序单独顶生，也有的在茎顶排成伞房花序或总状花序；总苞呈宽钟形，总苞片 3~4 层，呈覆瓦状排列，由外层向内层渐长；舌状小花黄色；瘦果褐色，扁椭圆形，长 3 毫米，冠毛白色；根呈圆锥状，密生纤维状须根；花果期 5~12 月。

生长环境

➡ 多生于海拔 170~3200 米的路旁、田间、荒地、林缘或近水处。

食用部位

➡ 嫩茎叶。

食用方法

➡ 春季开花前采摘嫩叶，可以洗净生食，也可以用沸水焯烫后再换清水浸泡，除去苦味，然后凉拌、蘸酱或炒食、做馅。还可以制成干菜、腌菜或罐头贮存备食。

药用功效

➡ 全草可入药，具有清热凉血、祛湿解毒的功效，可用于肠炎、慢性气管炎、痢疾、小儿疳积、咽喉肿痛、痈疮肿毒、痔血便血、妇人乳痈、崩漏等症。

叶多羽状深裂，基部抱茎或半抱茎，边缘有锯齿

舌状小花黄色

牛蒡

别名： 大力子、恶实、牛蒡子

科属： 菊科牛蒡属

分布： 台湾、山东、江苏、陕西、河南、湖北、安徽、浙江等

形态特征

⊙ 二年生草本植物。茎粗壮直立，常带紫红色或淡紫红色，上部分枝多；基生叶宽卵形有长柄，茎生叶与基生叶同形或近同形，皆密被白色短柔毛；头状花序多数，在茎顶端排成疏松的伞房花序，总苞有多层，呈卵球形，直径1.5~2厘米；管状花紫红色，花冠长1.4厘米；瘦果两侧压扁，倒长卵形，有浅褐色冠毛多层；肉质直根粗大，长达15厘米，直径可达2厘米；花果期6~9月。

生长环境

⊙ 喜光照充足、温暖湿润的环境，耐热，较耐寒，多野生于海拔750~3500米的山坡、山谷、灌木丛中。

食用部位

⊙ 嫩茎叶和肉质根。

食用方法

⊙ 春季采摘嫩茎叶，开水焯烫后可以凉拌、炒菜或做汤。秋季挖取肥大的肉质根，可以切丝切片炒食，也可以切块炖汤，还可以生食或加工成饮品。

药用功效

⊙ 全株可入药，具有疏风散热、清痰利咽、散淤解毒的功效，可用于风热感冒、头痛咽痛、疔疮肿毒等症的治疗，还能降血压、降血脂、降血糖，提高人体免疫力。

头状花序于茎顶端排成疏松的伞房花序，总苞呈卵球形

管状花紫红色

附地菜

别名：地胡椒、鸡肠草

科属：紫草科附地菜属

分布：西藏、云南、江西、福建、新疆、甘肃和广西北部等

形态特征

⊙ 一年生或二年生草本植物。茎通常多条丛生，单一，铺散，基部多分枝；基生叶呈莲座状，叶片匙形，先端圆钝，基部楔形或渐狭，长2~5厘米，两面被有糙伏毛；茎上部叶长圆形或椭圆形；花序生于茎顶，幼时卷曲，后逐渐伸长；花梗短，花后伸长；花萼裂片卵形，先端急尖；花冠淡蓝色或粉色，裂片平展，倒卵形，先端圆钝，喉部附属5片，白色或带黄色；花药卵形，长0.3毫米，先端具有短尖；小坚果4颗，斜三棱锥状四面体形；早春开花，花期甚长。

生长环境

⊙ 常生于平原、丘陵草地、田间、荒地及林缘。

食用部位

⊙ 嫩苗。

食用方法

⊙ 春季采摘嫩苗，洗净焯水，捞出后可以凉拌，还可以做汤、做馅。

药用功效

⊙ 全草可入药，味甘、辛，性温，具有温中健胃、消肿止痛、止血的功效，可用于辅助治疗胃痛、吐酸、吐血等症。外用可治骨折、跌打损伤，有很好的消肿作用。

基生叶呈莲座状，叶片匙形

花冠淡蓝色或粉色，裂片平展

芡实

别名：鸡头米、鸡头莲、刺莲藕

科属：睡莲科芡属

分布：我国南北各省

形态特征

● 一年生大型水生草本植物。沉水叶箭形或椭圆肾形，两面无刺；浮水叶革质，椭圆肾形至圆形，盾状，下面带紫色，两面在叶脉分枝处有锐刺，长10~130厘米，有或无弯缺，全缘；花梗粗壮，长可达25厘米，有硬刺；花长约5厘米；萼片披针形，内面紫色，外面密生稍弯硬刺；花瓣矩圆披针形或披针形，紫红色，成数轮排列，向内渐变成雄蕊；无花柱，柱头红色，成凹入的柱头盘；浆果球形，污紫红色，外面密生硬刺；种子球形，黑色；花期7~8月，果期8~9月。

生长环境

● 生于池塘和湖沼中。

食用部位

● 种子。

食用方法

● 9~10月采收成熟的果实，取出种子，洗净可以直接生食，也可以与其他材料一起煮粥、炖食。

药用功效

● 干燥成熟的种仁可入药，味甘、涩，性平，具有益肾固精、补脾止泻、除湿止带的功效，主治遗精滑精、脾虚久泻、带下、白浊等症。

浮水叶椭圆肾形至圆形，盾状

花瓣紫红色，矩圆披针形或披针形

虎杖

别名：酸筒杆、大接骨、酸桶芦

科属：蓼科虎杖属

分布：华东、华中、华南及四川、云南、贵州等

形态特征

⊙ 多年生草本植物。根状茎横走；茎直立，空心，具有明显的纵棱，散生红色或紫红色的斑点；叶宽卵形或卵状椭圆形，近革质，顶端渐尖，基部宽楔形、截形或近圆形；叶柄长 1~2 厘米；托叶鞘膜质，褐色，早落；花单性，雌雄异株，花序圆锥状，腋生；苞片漏斗状，顶端渐尖，每苞内具有 2~4 朵花；花被片 5 深裂，淡绿色，雄花花被片具有绿色中脉，无翅，雌花花被片外面 3 片背部有翅，果时增大，翅扩展下延；瘦果卵形，具有三棱，黑褐色；花期 8~9 月，果期 9~10 月。

生长环境

⊙ 常生于海拔 140~2000 米的山谷、路旁、山坡灌丛、田边湿地等处。

食用部位

⊙ 嫩叶。

食用方法

⊙ 春季采摘嫩叶，洗净后入沸水焯一下，可以加调味料凉拌，还可以炒食。

药用功效

⊙ 干燥的根茎和根可入药，味微苦，性微寒，具有清热解毒、利湿退黄、止咳化痰、散瘀止痛的功效，可用于治疗淋浊、带下、湿热黄疸、肺热咳嗽、痈肿疮毒、跌打损伤等症。

叶宽卵形或卵状椭圆形，近革质

茎直立，散生红色或紫红色的斑点

菊芋

别名：洋姜、鬼子姜、五星草、洋羌、番羌

科属：菊科向日葵属

分布：全国各地

形态特征

◉ 多年生宿根性草本植物。植株高 1~3 米，茎直立，有分枝，被有白毛；上部叶互生，长椭圆形至阔披针形，下部叶对生，卵圆形或卵状椭圆形；头状花序较大，单生于枝端，舌状花通常 12~20 个，裂片黄色，长椭圆形；管状花黄色，长 6 毫米；瘦果楔形，比较小，上端生有 2~4 个有毛的锥状扁芒；地下茎块状，肥大；花期 8~9 月。

生长环境

◉ 耐寒抗旱耐瘠薄，对土壤要求不高，适应性极强，甚至在废墟、舍旁、路边都可以生长。

食用部位

◉ 地下块茎。

食用方法

◉ 秋季采挖地下块茎，可以洗净后直接生食，味微甜，多汁；也可以切片、切丝单炒或与肉类同炒；还可以用来煮汤或煮粥。民间多用来腌制咸菜、酱菜或晒制成干菜等。

药用功效

◉ 块茎和茎叶可以入药，味甘、微苦，性凉，具有清热凉血、消肿去火的功效，可用于辅助治疗腮腺炎、肠热便血、风湿骨痛、跌打骨伤、糖尿病等症。

上部叶互生较细长，下部叶对生稍阔圆

地下茎块状，肥大

牛膝菊

别名：辣子草、向阳花、珍珠草、铜锤草

科属：菊科牛膝菊属

分布：四川、云南、贵州、西藏等

形态特征

● 一年生草本植物。植株高10~80厘米，茎纤细或粗壮，不分枝或自基部分枝，被有短绒毛；叶对生，长椭圆状卵形或卵形，长2~5厘米，触感粗涩，被有白色稀疏短柔毛，叶缘具有钝齿或波状浅齿；头状花序呈半球形，直径约3厘米，花梗较长，多数在茎枝顶端排成疏松的伞房花序；花冠白色，舌状花瓣4~5枚，顶端3齿裂，管状花黄色；瘦果很小，黑色或黑褐色，被有白色微毛，常压扁；花果期7~10月。

生长环境

● 喜冷凉气候，不耐热，多生于林下、废地、荒野、河谷地、田间或路边。

食用部位

● 嫩茎叶。

食用方法

● 夏秋季采摘嫩茎叶，可以焯水后凉拌生食，也可以大火素炒或用来做汤，还可以作为火锅用料、切碎煮蔬菜粥等，风味独特。

药用功效

● 全草药用，可以止血、消炎，对咽炎、扁桃体炎、急性黄疸型肝炎等症有一定的辅助疗效。花序入药可以清肝明目，对夜盲症、视力模糊有一定的改善作用。

叶对生，长椭圆状卵形或卵形，叶缘有齿

头状花序，排成疏松的伞房花序

花冠白色，舌状花瓣顶端3齿裂

野菊

别名：野黄菊花、苦薏

科属：菊科菊属

分布：全国各地

形态特征

◆ 多年生草本植物。植株高 0.25~1 米，茎直立或铺散于地，多有分枝，被有疏毛；单叶互生，中部茎叶卵形、椭圆状卵形或长卵形，长 3~10 厘米，1~2 回奇数羽状深裂，裂片长椭圆状卵形，叶柄长 1~2 厘米；头状花序直径 1.5~2.5 厘米，常多花聚集在茎枝顶端，排成疏松的伞房圆锥花序或伞房花序；舌状花一轮，黄色，舌片长 10~13 毫米；管状花多数，深黄色；瘦果长 1.5~1.8 毫米；花期 6~11 月。

生长环境

◆ 喜凉爽湿润的气候，耐寒，多生于山坡草地、河边湿地、灌丛、荒地、路旁等野生地带。

食用部位

◆ 嫩叶和嫩芽。

食用方法

◆ 3~5 月采摘嫩叶和嫩芽，洗净焯水后再用清水浸洗多次，以去其苦味，可以用来凉拌，也可以炒食或做汤、做馅等，能清火；还可以煮花粥或拌面粉做成蒸菜，也别有风味。

药用功效

◆ 全草可入药，气辛，味苦，有小毒。能清火解毒、凉血降压、散淤明目，适用于疗疮痈肿、风火赤眼、头痛眩晕、高血压等症。

中部茎叶卵形、椭圆状卵形或长卵形

头状花序，常多花聚集排成疏松的伞房花序

一年蓬

别名：千层塔、治疟草、野蒿

科属：菊科飞蓬属

分布：我国东北、华北、华中、华东、华南、西南地区

形态特征

➡ 一年生或二年生草本植物。植株高 30~100 厘米，茎绿色，粗壮直立，密被硬毛，上部有分枝；基部叶宽卵形或长圆形，长 4~17 厘米，顶端尖或钝，基部渐狭成翼柄，叶缘具有粗齿，于花期枯萎；茎生叶互生，与基生叶基本同形而渐小，叶柄渐短；头状花序直径约 1.5 厘米，在茎端排列成疏松的圆锥花序或伞房花序；总苞草质，半球形；外缘舌状花平展，两层至数层，白色或略带紫色，中央的管状花黄色；花期 6~9 月。

生长环境

➡ 喜肥沃向阳的环境，也较耐瘠薄，常野生于山坡、路边或旷野。

食用部位

➡ 嫩苗。

食用方法

➡ 三四月采摘一年蓬的幼苗或嫩叶，沸水焯烫后再以清水淘洗数次去其苦味，可以加油盐凉拌，也可以清炒或做汤，颜色翠绿，清鲜爽口，还可以做馅或腌渍食用。

药用功效

➡ 全草入药，味甘、苦，性凉，具有促进消化、涩肠止泻、清热解毒、截疟的功效，常用于辅助治疗消化不良、急性胃肠炎、齿龈炎、疟疾等症。外敷可以止血，多用于虫蛇咬伤。

一年蓬幼株

头状花序排列成疏松的圆锥花序

舌状花平展，白色或略带紫色

鬼针草

别名： 鬼钗草、虾钳草、蟹钳草、对叉草、粘人草、粘连子、索人衣

科属： 菊科鬼针草属

分布： 我国华东、华中、华南、西南地区

形态特征

● 一年生草本植物。植株高 30~100 厘米，茎单生直立，呈钝四棱形，几乎无毛；茎下部叶较小，3 裂或不分裂，中部叶三出，小叶 3 枚，两侧小叶椭圆形或卵状椭圆形，具有短柄，顶生小叶较大，长椭圆形或卵状长圆形；头状花序直径 8~9 毫米，花序梗长 1~6 厘米（果时长 3~10 厘米）；无舌状花，盘花筒状，长约 4.5 毫米；瘦果呈黑褐色，扁条形，长 7~13 毫米，顶生芒刺 3~4 枚；花果期 8~10 月。

生长环境

● 喜温暖湿润的环境，多生于热带和亚热带地区的村舍边、路旁及荒野。

食用部位

● 幼苗或嫩叶。

食用方法

● 四五月采摘鬼针草的幼苗或嫩叶，沸水焯烫后再以清水浸泡，捞起沥干，可以油盐凉拌而食，也可以炒食或做汤。

药用功效

● 鬼针草为我国民间常用草药，味略苦，性微寒，具有清热解毒、散淤消肿的功效，可用于辅助治疗上呼吸道感染、扁桃体炎、咽喉肿痛、胃肠炎、阑尾炎、风湿骨痛、疟疾等症，外用可以治烧烫伤、皮肤感染、跌打损伤等。

顶生小叶较大，长椭圆形或卵状长圆形

瘦果黑褐色，扁条形，顶生芒刺 3~4 枚

一年生草本植物，茎直立　　　　　　　　　　　　无舌状花，盘花筒状

两侧小叶椭圆形或卵状椭圆形，具有短柄

款冬

别名： 冬花、蜂斗菜、款冬蒲公英

科属： 菊科款冬属

分布： 河北、湖北、四川、陕西、甘肃、内蒙古、新疆、青海等

形态特征

◆ 多年生草本植物。植株高10~25厘米；叶基生，心形或卵形，长7~15厘米，先端具有钝角，边缘呈波状疏齿且略带红色，掌状网脉；花茎绿色略带紫红色，长5~10厘米，密被白色短毛，抱茎小叶10余片互生，长椭圆形至三角形；头状花序顶生，先于叶长出；黄色舌状花一轮，单性，花瓣先端微凹；筒状花两性，花较小，披针状花瓣5片；瘦果长椭圆形，冠毛淡黄色，具有纵棱；花期2~3月，果期4月。

生长环境

◆ 宜生于肥沃且排水良好的沙质土壤中，多野生于河边、沙地。

食用部位

◆ 嫩茎叶和花蕾。

食用方法

◆ 春季采摘嫩茎叶，10月下旬至12月下旬采摘花蕾，二者都略带苦味，需焯水后以清水多次淘洗去其苦涩后再凉拌或炒食。花蕾晒干后可以搭配绿豆、百合、蜂蜜等煮花粥，有润燥止咳、清心安神的功效。

药用功效

◆ 中药所谓的"冬花"即为菊科款冬的花蕾，味辛性温，具有润肺下气、化痰止咳的功效，对咽喉干痛、久咳不愈或痰中带血等症有一定的疗效。

花茎绿色略带紫红色，密被白色短毛

头状花序顶生，花冠黄色

穿心莲

别名：春莲秋柳、一见喜、榄核莲、苦胆草、金香草、印度草、苦草

科属：爵床科穿心莲属

分布：福建、广东、海南、广西、云南、江苏、陕西等

形态特征

➡ 一年生草本植物。茎直立，高 50~80 厘米，具有 4 棱，下部多分枝，节处膨大且易断；叶对生，呈长椭圆形或披针形，长 4~8 厘米，先端稍钝，两面均无毛；顶生和腋生的总状花序集成大型的圆锥花序；花较小，花冠淡紫色或白色，冠檐二唇形，上唇微 2 裂，下唇 3 深裂且带紫色斑纹；蒴果呈扁长的椭圆形，长约 1 厘米，疏生腺毛；种子四方形，12 粒，有皱纹；花期 9~10 月，果期 10~11 月。

生长环境

➡ 喜阳光充足、高温湿润的环境，宜生于肥沃疏松、排水良好的酸性和中性砂质壤土中。

食用部位

➡ 嫩茎叶。

食用方法

➡ 嫩茎叶开水焯烫后以清水淘洗数次，加油盐醋糖等凉拌而食，味酸甜、略苦；也可以同其他食材炒食。叶片晒干后可以冲泡饮用。

药用功效

➡ 茎叶入药，具有清热解毒、凉血、抗炎、消肿止痛的功效，可用于感冒发热、咽喉肿痛、口舌生疮、痈肿疮疡等症。

叶片呈长椭圆形或披针形

叶对生，两面均无毛

花冠小，淡紫色或白色，冠檐二唇形

藜

别名： 灰菜、灰藋、野灰菜、灰蓼头草

科属： 藜科藜属

分布： 全国各地

形态特征

➲ 一年生草本植物。植株高 30~150 厘米，茎粗壮直立，具有条棱及绿色或紫红色棱，多分枝；叶片呈菱状卵形至宽披针形，长 3~6 厘米，多灰绿色，偶见有红晕，叶背被粉，边缘具有不整齐锯齿；花两性，花簇于枝上部排列成大小不一的穗状圆锥花序；花瓣 5 片，宽卵形至椭圆形，背面纵脊隆起，有粉；种子横生，黑色有光泽，表面具有浅沟纹；花果期 5~10 月。

生长环境

➲ 适应性较强，对土壤要求不严，轻度盐碱地也能生长。常生于海拔 50~4200 米的路边、荒地、田间或屋舍附近。

食用部位

➲ 嫩茎叶或幼苗。

食用方法

➲ 嫩茎叶和幼苗可作蔬菜食用，清洗焯水晾凉后可以加蒜泥凉拌，还可以清炒、煮汤、拌面粉蒸食或晒制成干菜。

药用功效

➲ 全草可入药，具有清热利湿的功效，可缓解痢疾腹泻；也能止痒透疹，可用于皮肤湿毒及周身发痒之症，但须配合野菊花煎汤外洗。

茎粗壮直立，多分枝

叶片呈菱状卵形至宽披针形

花簇于枝上部排列成穗状圆锥花序

地肤

别名：地麦、落帚、扫帚苗、扫帚菜、孔雀松

科属：藜科地肤属

分布：我国大部分省份

形态特征

➡ 一年生草本植物。高 50~100 厘米，株丛紧密；茎直立，细圆柱状，多分枝，基部半木质化，淡绿色或略带紫红色；叶繁密，较小，条状披针形或披针形，长 2~5 厘米；花两性或雌性，通常 1~3 朵腋生，构成疏穗状圆锥花序；小花淡绿色，花瓣 5 枚，近三角形；胞果呈扁球形，果皮膜质，与种子离生；种子黑褐色，卵形，长 1.5~2 毫米；花期 6~9 月，果期 7~10 月。

生长环境

➡ 喜温喜光，耐旱不耐寒，适应性较强，对土壤要求不严，多生于路旁、荒地、田边、山沟湿地或河滩上。

食用部位

➡ 嫩茎叶。

食用方法

➡ 其嫩茎叶的胡萝卜素含量很高，可作为野生蔬菜食用，焯水后可以直接凉拌，也可以搭配其他食材炒食，还可以拌面粉蒸食或用来做馅、煮汤。

药用功效

➡ 果实可入药，称为"地肤子"，可以清热利便、补中益气，多用于小便不利、淋病、血痢、风疹疮毒、疥癣、阴痒、头目肿痛、腰疼胁痛等症。

高 50~100 厘米，株丛紧密

茎多分枝，淡绿色或略带紫红色

叶繁密，较小，多条状披针形

苦荞麦

别名：波麦、乌麦、花荞

科属：蓼科荞麦属

分布：我国东北、华北、西北、西南山区等

形态特征

⊃ 一年生草本植物。茎直立，分枝，高30~70厘米，有细纵棱；叶长2~7厘米，宽三角形，两面沿叶脉有乳头状凸起，上部叶较小，有短柄，下部叶的叶柄长；托叶鞘偏斜，黄褐色，膜质；总状花序，顶生或腋生；苞片卵形，每苞有花2~4朵；花排列稀疏，花被白色或淡红色，5深裂，花被片椭圆形；瘦果长卵形，黑褐色，无光泽，有3棱和3条纵沟，上部棱角锐利，下部棱角圆钝，有时有波状齿；花期6~9月，果期8~10月。

生长环境

⊃ 多生于海拔500~3900米的路旁、山坡、田边、河谷等地。

食用部位

⊃ 种子。

食用方法

⊃ 种仁含有丰富的维生素E和可溶性膳食纤维，有很好的营养保健作用，可以直接煮粥或炖汤，也可以晒干后磨成粉制作各种面食，如面条、面饼等。

药用功效

⊃ 根和根茎可入药，称为苦荞头，具有理气止痛、解毒消肿的功效，主治胃脘胀痛、腰腿疼痛、恶疮肿毒、跌打损伤等症。

叶宽三角形，上部叶较小，有短柄，下部叶叶柄长

瘦果长卵形，黑褐色

红蓼

别名：荭草、红草、大红蓼、东方蓼、大毛蓼、游龙

科属：蓼科蓼属

分布：除西藏外，全国各地均有分布

形态特征

⊙ 一年生草本植物。植株高 1~2 米，茎粗壮直立，密被柔毛，上部多分枝，节部略膨大；叶互生，多卵状披针形或宽卵形，长 10~20 厘米，两面密生短柔毛，全缘，叶脉在背面明显凸起；托叶鞘筒状，膜质，被有长柔毛；总状花序顶生或腋生，多花密集呈穗状，长 3~7 厘米，下垂；花较小，花被 5 深裂，花冠白色或淡红色；瘦果黑褐色，有光泽，圆形稍扁，包在宿存花被内；花期 6~9 月，果期 8~10 月。

生长环境

⊙ 喜温暖湿润的环境，多生于海拔 30~2700 米的水边湿地、河川两岸、沼泽地或路旁。

食用部位

⊙ 嫩茎叶。

食用方法

⊙ 夏季采摘嫩茎叶，用沸水焯烫后再用清水淘洗数次，捞起沥干水分，可以凉拌或炒食，也可以拌面粉或玉米面蒸食。

药用功效

⊙ 果实可入药，名为"水红花子"，味辛性平，有小毒。能祛风除湿、清热利尿、活血消积、解毒止痛，可用于辅助治疗风湿痹痛、咳嗽痰喘、痢疾初起、痈疮疔疖、小儿积食、跌打损伤等症。

总状花序顶生或腋生，多花密集呈穗状

花冠淡红色或白色

酸模

别名： 山大黄、当药、山羊蹄、酸母、南连

科属： 蓼科酸模属

分布： 我国南北各地

形态特征

◎ 多年生草本植物。茎直立，高 40~100 厘米，具有明显纵棱，一般不分枝；基生叶和茎下部叶多箭形，先端尖或钝，长 3~12 厘米，宽 2~4 厘米，全缘，有时呈微波状，叶柄较长；茎上部叶较窄小，披针形，基部抱茎，无柄；托叶鞘膜质，顶端生有睫毛，较易破裂；狭圆锥状花序顶生，分枝比较稀疏；花单性，雌雄异株；瘦果黑褐色有光泽，呈椭圆形，具有 3 条锐棱，长约 2 毫米；花期 5~7 月，果期 6~8 月。

生长环境

◎ 多生于海拔 400~4100 米的路边荒地、山坡阴湿地、树林边缘或沟渠边。

食用部位

◎ 嫩茎叶。

食用方法

◎ 春季采摘嫩茎叶，洗净焯水后用清水多次浸洗以去其酸苦，捞起沥干可以加油盐等调料凉拌，也可以热炒，有滋阴润燥之效。酸模含有草酸，尝起来有酸溜口感，也常被作为料理调味用。

药用功效

◎ 全草供药用，味苦、酸，性寒，具有清热利尿、凉血解毒、通便、杀虫的功效。内服适用于痢疾、淋病、便秘、内痔出血等症，外用可治恶疮、疥癣、湿疹等皮肤病。

酸模的幼苗

狭圆锥状花序顶生，分枝比较稀疏

水蓼

别名： 辣蓼、蔷、虞蓼、蔷蓼、蔷虞、泽蓼、辛菜、蓼芽菜

科属： 蓼科蓼属

分布： 我国大部分省份

形态特征

◎ 一年生草本植物。植株高 20~80 厘米，茎直立或略倒伏，红紫色，无被毛，节部常膨大；单叶互生，呈细长披针形，长 4~9 厘米，两端渐尖，无毛；托叶鞘筒状，膜质，一般内包有花簇；穗状花序腋生或顶生，通常下垂，小花排列稀疏，下部间断；花苞漏斗状，疏生小点和短柔毛；花冠淡绿色或淡红色，花被 4~5 深裂，裂片卵形或长圆形；瘦果呈扁平的卵形，黑褐色，密被小点，长 2.5 毫米，包在宿存的花被内；花期 7~8 月。

生长环境

◎ 喜冷凉潮湿的环境，环境适应性较强，多生于溪边、水中或湿地。

食用部位

◎ 嫩茎叶。

食用方法

◎ 春季采摘嫩茎叶，用开水焯烫并用清水淘洗以去其辛辣味，可以油盐凉拌而食，也可以炒菜或拌面粉蒸食。其叶片也可作调味剂使用。

药用功效

◎ 全草可入药，味辛性平，无毒，具有利湿消滞、祛风消肿、解毒止痢等功效，可用于肠腹痛、泄泻、菌痢、小儿疳积、风湿痹痛、皮肤湿疹、跌打损伤等症。

叶互生，呈细长披针形

穗状花序腋生或顶生

柳叶菜

别名: 水丁香、通经草、水兰花、地母怀胎草

科属: 柳叶菜科柳叶菜属

分布: 我国大部分省份

形态特征

● 多年生粗壮草本植物。茎直立，中上部多分枝，密被长柔毛；草质叶对生，茎上部的叶互生，多椭圆状披针形至狭长披针形，长 4~12 厘米；总状花序直立，花瓣多紫红色、粉红色或玫瑰红色，宽倒心形，顶端稍缺，脉纹明显，长 1~2 厘米；花柱较长，白色或粉红色，柱头白色，4 深裂；蒴果密被长柔毛，种子深褐色，倒卵状，表面有粗乳突；地下根状茎粗大，长可达 1 米；花期 6~8 月，果期 7~9 月。

生长环境

● 多生于河谷湿地、溪边或湖边向阳潮湿处，也见于路边、灌木丛中或荒草坡。

食用部位

● 嫩苗和嫩叶。

食用方法

● 采集柳叶菜的嫩苗嫩叶，焯水淘洗后稍以油盐调制即可食用，也可以搭配其他食材做沙拉。拌面粉做成蒸菜也极美味。

药用功效

● 采集根或全草入药，味淡性平，具有清热消炎、调经止带、理气活血、止血止痛的功效，可用于辅助治疗风火牙痛、月经不调、白带过多、跌打损伤、疔疮痈肿等症。

茎直立，中上部多分枝

茎枝密被长柔毛

花瓣多紫红色，花柱白色

柳兰

别名：铁筷子、火烧兰、糯芋

科属：柳叶菜科柳兰属

分布：我国西南、西北、华北至东北地区

形态特征

● 多年生粗壮草本植物。直立，丛生；茎圆柱状，无毛，高 20~130 厘米，不分枝或上部分枝，基部稍木质化；单叶互生，近基部对生，叶片长披针状至倒卵形，近全缘；花序很长，总状直立，长 5~40 厘米，花从下至上渐次开放；花冠粉红色至紫红色，花瓣 4 枚，上面 2 枚略大，倒卵形或狭倒卵形；花柱 8~14 毫米，开放时强烈反折，后逐渐恢复直立；子房很长，像花梗一样；蒴果线形，长 4~8 厘米；花期 6~9 月，果期 8~10 月。

生长环境

● 多生于山区较湿润的草坡、砾石坡、灌木丛、高山草甸、河滩水岸等处。

食用部位

● 嫩叶。

食用方法

● 嫩叶焯水后可以凉拌做沙拉，也可以炒食或制作菜汤、馅料、蒸菜等。用柳兰全草炖猪蹄吃还可以助产妇下奶。

药用功效

● 全草可入药，味苦，无毒，具有消肿利水、消炎止痛、下乳、润肠的功效，可用于气虚浮肿、跌打损伤、乳汁不足等症。

花序很长，总状直立，花从下至上渐次开放

叶片长披针状至倒卵形，近全缘

花冠粉红至紫红色，花瓣 4 枚

荇菜

别名：莕菜、接余、凫葵、水镜草、余莲儿

科属：龙胆科荇菜属

分布：我国大部分省份

形态特征

● 多年生水生草本植物。茎呈圆柱形，柔软多分枝，横没于水中，节下生根；叶漂浮于水面，近革质，圆形或卵圆形，直径 1.5~8 厘米，上表面绿色，光滑，下表面紫褐色；花序腋生，高出水面；花冠金黄色，花瓣 5 枚，边缘宽膜质，近透明，密生细须；蒴果椭圆形，无柄，长 1.7~2.5厘米；种子较大，长 4~5 毫米，褐色椭圆形；花果期 4~10 月。

生长环境

● 喜静水，耐寒也耐热，环境适应性很强。多生于海拔 60~1800 米的池塘、湖泊或河溪下游的近岸处。

食用部位

● 嫩茎。

食用方法

● 春夏季采摘嫩茎，焯水后可以直接凉拌食用，也可以炒菜、做汤，色泽翠绿，口感滑嫩；或者与其他荤素食材混合做成馅料，包饺子、包子、馄饨均可。

药用功效

● 全草可入药，味甘性寒，具有消痰行水、发汗透疹、消肿解毒等功效，可用于寒热感冒、麻疹透发不畅、小便涩痛、痈疮肿毒、虫蛇咬伤等症的治疗。

叶漂浮于水面，近革质，圆形或卵圆形

花冠金黄色，花瓣 5 枚，边缘宽膜质，密生细须

落葵

别名：蔜葵、藤菜、木耳菜、潺菜、豆腐菜、紫葵、胭脂菜

科属：落葵科落葵属

分布：我国南北各地

形态特征

◎ 一年生肉质草本植物。茎光滑无毛，缠绕可达数米，绿色或略带紫红色；单叶互生，叶片宽卵形或卵圆形，长3~9厘米，宽2~8厘米，全缘，叶面偶有紫色斑点，背面叶脉微凸；叶柄长1~3厘米，具有凹槽；穗状花序腋生，长3~15厘米；花被片淡紫色或淡红色，卵状长圆形；果实近似扁球形，初生时白色略带粉色，后转绿色，成熟时紫红色或黑色，直径5~6毫米，汁液饱满；花期5~9月，果期7~10月。

生长环境

◎ 耐高温高湿，多生于海拔2000米以下的田边、舍旁、山坡等处。

食用部位

◎ 幼苗和嫩茎叶。

食用方法

◎ 幼苗和嫩茎叶洗净焯水后可以直接凉拌，或大火快炒、煮汤以及拌面条食用均可，颜色碧绿鲜翠，口感滑腻，经常食用能降压、防止便秘。

药用功效

◎ 全草供药用，味甘、略酸，性寒，具有清热凉血、消炎解毒、润肠通便的功效，可用于大便燥结、小便涩痛、胸膈积热、热痢便血、斑疹疔疮、外伤出血等症。

叶互生，叶片宽卵形或卵圆形

初生的果实白色略带粉色

果实成熟时紫红色或黑色

马鞭草

别名：紫顶龙芽草、野荆芥、蜻蜓草、退血草、燕尾草

科属：马鞭草科马鞭草属

分布：我国华东、华南和西南大部分地区

形态特征

➡ 多年生草本植物。植株高 30~120 厘米，茎四方形，节和棱上疏生硬毛；叶对生，基生叶边缘多粗锯齿，茎生叶近乎无柄，多数 3 深裂，裂片边缘具有不规则锯齿，两面均被硬毛；穗状花序顶生和腋生，长 16~30 厘米；花冠淡紫色至蓝色，微呈二唇形，有裂片 5 枚；蒴果长圆形，长约 2 毫米，外果皮较薄，成熟时裂成 4 瓣；花期 6~8 月，果期 7~10 月。

生长环境

➡ 喜温和湿润、光照充足的环境，不耐旱，忌水涝，对土壤要求不严。适应性较强，常生于路旁、山坡、水边或林缘。

食用部位

➡ 嫩茎叶。

食用方法

➡ 嫩茎叶洗净焯水后再以清水浸洗数次，捞出沥干水分，佐以油盐凉拌而食；也可以用来煮汤或煮粥；还可以拌面粉或玉米面做成蒸菜。马鞭草的干燥叶片可以搭配柠檬用来泡茶，有提神醒脑、促进消化的作用。

药用功效

➡ 全草可供药用，具有活血散淤、理气通经、清热解毒、驱虫止痒、利水消肿的功效，可用于闭经痛经、疟疾、水肿、痈肿疔疮等症。

叶对生，基生叶边缘多粗锯齿，茎生叶近乎无柄

花冠淡紫色至蓝色

马齿苋

别名：马苋、五行草、长命菜、瓜子菜、麻绳菜、马齿菜、蚂蚱菜

科属：马齿苋科马齿苋属

分布：全国各地

形态特征

➦ 一年生草本植物。全株无毛，茎圆柱形，伏地铺散，分枝较多，淡绿色或带暗红色；叶互生，叶片倒卵形，似马齿状，扁平肥厚，上面暗绿色，下面淡绿色或带暗红色，叶柄粗短；花无梗，常数朵簇生于枝端；花瓣多5片，黄色倒卵形，先端稍缺，基部合生；蒴果呈卵球形，盖裂；种子黑褐色有光泽，较细小，近卵球形；花期5~8月，果期6~9月。

生长环境

➦ 喜高温湿热且向阳的环境，耐旱，也耐涝，适应性非常强，对土壤要求不严。常生于菜地、田野、路边、荒地等处。

食用部位

➦ 嫩茎叶。

食用方法

➦ 嫩茎叶焯水后可以直接以油盐凉拌而食，或者拌面粉做成蒸菜、和面制成菜饼，还可以与鸡蛋同炒以及煮蔬菜粥等。

药用功效

➦ 全草可供药用，具有清热解毒、凉血止血、散淤消肿的功效，适用于热痢脓血、痈肿恶疮、风齿肿痛、子宫出血等症，也可以配黄连、木香治疗湿热所致的腹泻、痢疾。

花常数朵簇生于枝端，小花黄色，花瓣5片

茎伏地铺散，淡绿色或带暗红色

叶片倒卵形，似马齿状，扁平肥厚

土人参

别名：栌兰、土洋参、福参、申时花、假人参、参草、土高丽参

科属：马齿苋科土人参属

分布：我国长江以南各地

形态特征

◐ 一年生或多年生草本植物。全株无毛，高30~100厘米；茎圆柱形，肉质，基部近木质，通常少分枝；叶互生或近对生，稍肉质，近倒卵形，长5~10厘米，全缘；圆锥花序较大型，顶生或腋生，常二叉状分枝；花较小，花瓣5枚，呈倒卵形或长椭圆形，多粉红色或浅紫红色，长6~12毫米；蒴果坚纸质，近球形，直径约4毫米，三瓣裂；肉质根粗壮，有少数分枝，黑褐色，断面乳白色；花期6~7月，果期9~10月。

生长环境

◐ 喜光热充足的环境，耐高温高湿，不耐寒。对土壤的适应范围较广，有的野生于阴湿地。

食用部位

◐ 嫩茎叶。

食用方法

◐ 嫩茎叶生鲜脆嫩、爽滑适口，可以凉拌、炒食或做羹汤。肉质根可以切片凉拌，或与肉类炖汤，有滋补之效。成品的土人参切片泡茶饮用，可提高人体免疫力。

药用功效

◐ 土人参入药具有清热解毒、消肿的功效，对气虚乏力、肺燥咳嗽、神经衰弱等症有一定的疗效。其肉质根具有滋补强壮的作用，能补中益气、促进消化、润肺生津。

圆锥花序较大形，顶生或腋生，常二叉状分枝

叶互生或近对生，稍肉质，近倒卵形

金莲花

别名：旱荷、寒荷、寒金莲、旱地莲、金钱莲、大红雀

科属：毛茛科金莲花属

分布：我国东北、西北地区及河北、河南、山西、内蒙古等

形态特征

⊃ 多年生直立草本植物。植株全体无毛；茎高30~70厘米，不分枝；基生叶有长柄，五角形，3全裂；茎生叶互生，与基生叶形状相似，叶缘生有锐锯齿；花通常单生于顶，也有的2~3朵组成稀疏的聚伞花序，直径4.5厘米左右；萼片花瓣状；花瓣橙黄色，多数，线形，与萼片近等长或稍长于萼片；种子较小，近似倒卵球形，黑色且光滑；须根长达7厘米；花期6~7月，果期8~9月。

生长环境

⊃ 喜温暖湿润、阳光充足的环境，不耐寒，忌水涝。宜生于肥沃且排水良好的土壤中。

食用部位

⊃ 花。

食用方法

⊃ 6~7月花开时采花，每次1~2朵，可以冲泡代茶饮，不仅茶水清亮，还有淡淡的香味，也可以煮粥食用，有消炎止渴、清喉利咽、活血养颜的功效。

药用功效

⊃ 金莲花味苦性寒，具有清热解毒、养肝明目和提神醒脑的功效，可用于辅助治疗扁桃体炎、慢性咽炎、急性中耳炎、口舌生疮等症。

花通常单独顶生，萼片花瓣状，花瓣橙黄色，线形

茎高30~70厘米，不分枝

打碗花

别名： 燕覆子、蒲地参、兔耳草、富苗秧、扶秧、钩耳藤、喇叭花

科属： 旋花科打碗花属

分布： 我国大部分省份

形态特征

● 多年生草质藤本植物。全体无毛，植株矮小；茎纤弱，常自基部分枝，多平卧于地，具有细棱；基生叶呈长圆形，顶端稍圆，基部戟形；上部叶片似基生叶而略小，叶片顶端略尖；花单生于叶腋，花梗较叶柄稍长，苞片宽卵形；萼片矩圆形，顶端稍钝，生有小短尖，内层萼片较短；花冠钟状，通常淡红色或淡紫色，冠檐微裂或近似截形；子房无毛，柱头2裂，蒴果呈卵球形，种子黑褐色，表面有小疣；根状茎细长，白色。

生长环境

● 喜温和湿润的环境，耐贫瘠，多生于海拔100~3500米的田野、荒坡、平原及路边。

食用部位

● 嫩茎叶和花。

食用方法

● 嫩茎叶焯水后可以凉拌、炒食或做汤，新鲜的打碗花可以与鸡蛋搭配做蛋羹，或与海米豆腐搭配做汤；还可以切碎后用来煮粥或烙菜饼，也别具风味。

药用功效

● 根状茎有毒，不可食用，但可入药。能健脾益气、促进消化、调经止带，可用于脾弱气虚、消化不良、月经不调等症的治疗。花入药可以止痛，多外用于治牙疼。

花腋生，花冠钟状，淡红色或淡紫色，似喇叭花

叶片基部通常呈戟形，顶端稍尖

千屈菜

别名：水枝柳、水柳、水枝锦

科属：千屈菜科千屈菜属

分布：我国大部分省份

形态特征

⊙ 多年生草本植物。全株呈青绿色，茎直立，高30~100厘米，具有4棱，被毛；叶对生或三叶轮生，呈狭长的披针形或阔披针形，长4~10厘米，有时略抱茎，全缘，无柄；总状花序顶生，花两性，数朵簇生于叶状苞片腋内；花冠淡紫色或红紫色，花瓣6枚，倒披针状长椭圆形，长7~8毫米；蒴果呈扁圆形，全包于萼内，成熟时2瓣裂；粗壮根茎横卧于地下；花期6~9月，果期8~10月。

生长环境

⊙ 喜光照充足、温和湿润的环境，较耐寒，对土壤要求不严，多生于湖畔、河岸、沟旁、滩涂或潮湿草地上。

食用部位

⊙ 嫩茎叶。

食用方法

⊙ 嫩茎叶洗净，入沸水中焯一下，凉拌、炒食、做汤均可；也可以切碎后拌面粉蒸食或作为火锅配料，直接涮烫；制成干菜储存备食也是不错的选择。

药用功效

⊙ 全草可入药，味苦性寒，具有清热凉血、收敛止泻的功效，可用于治疗痢疾、便血、疮疡溃烂、跌打损伤等症，有抗菌作用。

茎直立，叶呈狭长的披针形或阔披针形

花数朵簇生于叶状苞片腋内

蓬子菜

别名： 松叶草、铁尺草、黄牛衣、黄米花、柳夫绒蒿、疗毒蒿

科属： 茜草科拉拉藤属

分布： 我国东北、华北、西北及长江流域地区

形态特征

◑ 多年生近直立草本植物。基部稍木质化；茎高 25~45 厘米，具有四角棱，被有短柔毛；纸质叶 6~10 片轮生，叶片线形，长 1.5~3 厘米，边缘极反卷，多卷成管状，无叶柄；聚伞花序顶生和腋生，多花密生，通常在枝顶结成较大型的圆锥状花序；小花黄色，花冠辐状，花瓣 4 枚，卵形或长圆形，先端稍钝，长约 1.5 毫米；小果近球形，直径约 2 毫米，果爿双生，无毛；花期 4~8 月，果期 5~10 月。

生长环境

◑ 多生于海拔 40~4000 米的山地草甸、林缘、河滩、旷野、路旁及灌丛中。

食用部位

◑ 嫩苗。

食用方法

◑ 夏季开花前采摘嫩苗，以清水洗净入沸水焯烫，再以清水漂洗后捞起沥干，可以凉拌、炒食或做汤，还可以做成馅料，用来包饺子、包包子或烙菜饼。

药用功效

◑ 全草可入药，味辛、苦，性寒，具有清热解毒、活血化淤、杀菌止痒、利尿通经等功效，适用于咽喉肿痛、疗疮痈肿、跌打损伤、经闭腹痛、虫蛇咬伤、风疹瘙痒、痢疾等症。

纸质叶 6~10 片轮生，叶片线形

聚伞花序顶生和腋生，多花密生

猪殃殃

别名：拉拉藤、爬拉殃、八仙草、锯锯藤

科属：茜草科拉拉藤属

分布：除海南及南海诸岛外，全国各地均有分布

形态特征

⊙ 一年生多枝、蔓生或攀缘状草本植物。全株均被有倒生小刺毛；茎高 30~90 厘米，具有 4 条棱；叶条状倒披针形，长 1~5.5 厘米，多 6~8 片轮生，少 4~5 片，先端常具有针状突尖，几乎无叶柄；聚伞花序疏散，腋生或顶生，花梗较细；花冠淡黄绿色或白色，花瓣 4 枚，长圆形，镊合状排列；果实双头型，密生钩状刺，果柄直且较粗；花期 3~7 月，果期 4~11 月。

生长环境

⊙ 环境适应性极强，对土壤要求不严，多生于海拔 4600 米以下的山坡、沟边、荒地、农田、林缘、草丛等处。

食用部位

⊙ 幼苗和嫩茎叶。

食用方法

⊙ 春季采挖幼苗，夏季采摘嫩茎叶，洗净切段入沸水焯熟，再入清水浸泡，捞起沥干水分后可以凉拌、炒食或做汤。

药用功效

⊙ 全草药用，味辛微苦，性凉，具有清热利尿、解毒消肿、散淤止痛的功效，可用于风热感冒、尿血便血、行经腹痛、牙龈出血等症。外用可治痈疖肿毒、跌打损伤。

叶条状倒披针形，先端具有针状突尖，多 6~8 片轮生　茎高 30~90 厘米，具有 4 条棱

鸡矢藤

别名： 鸡屎藤、牛皮冻、臭藤

科属： 茜草科鸡矢藤属

分布： 我国大部分省份

形态特征

◎ 多年生草质藤本植物。茎呈扁圆柱形，稍扭曲，基部木质，多分枝；纸质叶对生，呈宽卵形或长圆状披针形，长 5~15 厘米，两面无毛或下面稍被有短柔毛，新鲜叶片揉碎有臭气；聚伞花序顶生或腋生；花冠淡紫色，筒长 7~10 毫米，先端 5 裂，镊合状排列，内面红紫色，被有粉状柔毛；浆果球形，直径 5~7 毫米，成熟时光亮，草黄色；花期 7~8 月，果期 9~10 月。

生长环境

◎ 喜温暖湿润的环境，适应性较强，多生于河塘边、溪流旁、林下及灌木丛中，常攀缘于其他植物或岩石上。

食用部位

◎ 嫩叶。

食用方法

◎ 煲糖水时可以将洗净切碎的嫩叶放进去同煮，能消暑解热；也可以用来煲鸡矢藤排骨汤、鸡矢藤老鸭汤等，能清肺醒脑、补气益血。

药用功效

◎ 全草可入药，味甘、微苦，性平，具有祛风利湿、止咳止痛、健胃消食、解毒消肿的功效，可用于风湿痹痛、肺痨咯血、消化不良、跌打损伤、疮疡肿毒等症。

纸质叶对生，呈宽卵形或长圆状披针形

聚伞花序顶生或腋生

仙鹤草

别名：脱力草、瓜香草、老牛筋

科属：蔷薇科龙牙草属

分布：我国大部分省份

形态特征

➡ 多年生草本植物。植株高可达1米，茎直立，被有疏柔毛及腺毛；奇数羽状复叶互生，叶片大小不等，呈卵圆形至倒卵圆形，间隔排列，长2.5~7厘米，叶缘具有齿，两面均被有柔毛；总状花序顶生，花黄色，花瓣5片；花萼5裂，呈倒圆锥形，萼筒外有一圈钩状刚毛，宿存；地下茎横走，圆柱状，常生1个或数个根芽；花果期5~12月。

生长环境

➡ 环境适应性较强，对土壤要求不严，多生于田边、荒地、山坡、草地。

食用部位

➡ 种子和嫩茎叶。

食用方法

➡ 种子可以炒制后磨成面粉，用来制作面饼或面汤。嫩茎叶是一种家常野菜，清水洗净焯烫后可以直接凉拌，也可以清炒、拌面粉蒸食或制作馅料等，还可以用来做汤或煮粥，如仙鹤草红枣汤、仙鹤草赤豆粥等。

药用功效

➡ 全草可入药，味苦性平，具有收敛止血、败毒抗癌、抗菌消炎的功效，可用于辅助治疗各种血症或中气不足、脱力劳伤、疗疮痈肿、阴痒带下等症。

奇数羽状复叶互生，叶片大小不等，间隔排列

总状花序顶生，花黄色，花瓣5片

龙葵

别名：山辣椒、野茄秧、白花菜、地泡子、飞天龙、天茄菜

科属：茄科茄属

分布：我国大部分省份

形态特征

➡ 一年生直立草本植物。高 0.25~1 米，茎绿色或紫色，无棱或棱不明显，近无毛；叶片呈卵形，长 2.5~10 厘米，叶缘具有不规则波状粗齿，叶柄长约 1~2 厘米，叶脉清晰；花序蝎尾状或近伞状，腋外生，由 3~10 朵花组成；总花梗较长，几乎无被毛；花较小，花冠白色，花筒隐于花萼内，花瓣 5 片，卵圆形，多向后反折；浆果簇生，圆球形，直径约 8 毫米，熟时紫黑色；种子多数，扁卵圆形；花期 6~9 月，果期 7~10 月。

生长环境

➡ 对土壤要求不严，环境适应性极强，常生于荒地、田边、村庄附近。

食用部位

➡ 嫩叶和果实。

食用方法

➡ 采集龙葵的嫩叶，开水焯烫后再用清水淘洗数次以去除怪味，沥干水分后可以油盐调制凉拌而食，也可以大火清炒或裹面粉蒸食。果实成熟后可以食用，但有小毒，不宜过多食用。

药用功效

➡ 全株可入药，味苦性寒，有小毒。具有活血消肿、散淤止痛、清热解毒的功效，可用于辅助治疗感冒发热、小便不利、疔疮痈肿、跌打扭伤、咳嗽痰喘等症。

叶片呈卵形，叶缘具有不规则波状粗齿

花序腋外生，花瓣 5 片，向后反折

酸浆

别名：红菇娘、挂金灯、灯笼草、洛神珠、泡泡草、鬼灯

科属：茄科酸浆属

分布：甘肃、陕西、河南、湖北、四川、贵州和云南等

形态特征

🔾 多年生草本植物。基部常匍匐生根；茎高
40~80 厘米，一般不分枝，茎节稍膨大，常被有
柔毛；叶互生，长卵形至阔卵形，有时菱状卵形，
长 5~15 厘米，两面被有柔毛；花单生于叶腋，
花冠五角星辐射状，白色，裂片开展，阔而短，
顶端骤然狭窄成三角形尖头；果萼卵状，薄革质，
网脉显著，有 10 纵肋，橙色或火红色；浆果球形，
橙红色，直径 10~15 毫米，柔软多汁；花期 5~9
月，果期 6~10 月。

生长环境

🔾 喜光照充足、凉爽湿润的环境，耐寒耐热，对
土壤要求不严，常见于沟边、湿地、路边等处。

食用部位

🔾 新鲜嫩叶和成熟的果实。

食用方法

🔾 新鲜嫩叶可以开水焯烫、清水浸洗去味后以油
盐凉拌，但风味不佳。酸浆草的浆果香味浓郁，
吃起来味极鲜美，且营养非常丰富，可以生食、
糖渍、醋渍或做成果汁、果酱、甜羹等。

药用功效

🔾 酸浆具有清热解毒、消肿利尿、抑菌消炎等功效，
可用于辅助治疗肺热咳嗽、咽痛音哑、急性扁桃
体炎、小便不利等症。

果萼熟时橙色或火红色

萼内浆果球形，橙红色

花冠五角星辐射状，白色，裂片开展

果萼卵状，薄革质，网脉显著

叶互生，长卵形至阔卵形，有时菱状卵形

鱼腥草

别名：狗心草、折耳根、狗点耳

科属：三白草科蕺菜属

分布：我国长江以南各省

形态特征

❍ 腥味草本植物。茎细长扁圆柱形，下部伏地，节上轮生小根，上部直立；叶互生，薄纸质，卵形或阔卵形，有腺点，背面尤多，上表面暗黄绿色至暗棕色，背面常呈灰白色或紫红色；叶脉5~7条，叶柄细长，下部与托叶合生成叶鞘；穗状花序顶生，长约2厘米，黄棕色，揉碎有鱼腥味；总苞片长圆形或倒卵形，长10~15毫米，花瓣状，白色；地下根茎呈细长扁圆柱形，表面棕黄色；花期4~7月。

生长环境

❍ 主要生长在我国长江以南各省阴湿的山区，山谷阴处亦能蔓生。

食用部位

❍ 嫩茎叶和嫩根。

食用方法

❍ 嫩茎叶先洗净再以开水焯烫、清水漂洗，凉拌、热炒皆可。其嫩根鲜而脆，微辣带腥，多与粉丝、黄瓜等搭配凉拌，也可以与鲜肉或腊肉同炒，还可以腌渍贮存备食。新鲜的鱼腥草泡水当茶饮，可化痰。

药用功效

❍ 全株可入药，味辛性寒，能清热解毒、祛湿利尿、清热止痢、健胃消食，可用于肺痈、肠炎、肾炎、乳腺炎、中耳炎、咽炎等症。

叶互生，卵形或阔卵形，背面常呈灰白色或紫红色

穗状花序顶生，总苞片花瓣状，白色

野胡萝卜

别名：鹤虱草

科属：伞形科胡萝卜属

分布：四川、贵州、湖北、江西、安徽、江苏、浙江等

形态特征

⊙ 二年生草本植物。茎高 15~120 厘米，全体被有白色粗毛；基生叶薄膜质，羽状全裂，裂片线形或披针形，长 2~15 毫米，先端有小尖毛，叶柄较长；茎生叶基部抱茎，末回裂片小或细长；花序复伞形，顶生，花序梗长 10~60 厘米，被有粗毛，伞辐多数；花通常白色，有时略带淡红色，花柄不等长；双悬果圆卵形，长 3~4 厘米，棱上生有白色刺毛；肉质根细圆锥形，黄白色；花期 5~7 月，果期 7~8 月。

生长环境

⊙ 对土壤要求不严，适应性较强，多生于山坡、路旁、旷野或田间。

食用部位

⊙ 幼嫩茎叶和肉质根。

食用方法

⊙ 幼嫩茎叶即"萝卜缨"，有很好的补钙作用，可以拌面粉做成蒸菜或焯水后凉拌。野胡萝卜的肉质根洗净后可以直接生食，也可以切片凉拌或炒食，还可以用来炖汤或煮肉。

药用功效

⊙ 果实可以入药，能杀虫消滞，可用于辅助治疗蛔虫病、蛲虫病、绦虫病、小儿疳积、疝气、胃肠胀气等症。

花通常白色，有时略带淡红色

叶片多羽状全裂，裂片线形或披针形

复伞形花序顶生，伞辐多数

刺芹

别名： 假芫荽、节节花、野香草、假香荽、缅芫荽、香菜、阿佤芫荽

科属： 伞形科刺芹属

分布： 广东、广西、贵州、云南等

形态特征

● 二年生或多年生草本植物。高 10~40 厘米或更高；茎绿色，粗壮无毛，上部有 3~5 歧聚伞式分枝；基生叶革质，倒披针形或披针形，长 5~25 厘米，边缘有锐齿，羽状网脉，叶柄较短；茎生叶边缘有尖刺状深锯齿，顶端不分裂或 3~5 深裂，无柄；头状花序多着生于茎的分叉处，呈圆柱形，长 0.5~1.2 厘米，无花序梗；花瓣淡黄色、白色或草绿色；果球形或卵圆形，表面密布瘤状凸起；花果期 4~12 月。

生长环境

● 喜温耐热，喜肥喜湿，常生于海拔 100~1500 米的林缘、路边、沟渠水塘边等湿润处。

食用部位

● 嫩苗和嫩叶。

食用方法

● 采集刺芹的嫩苗和嫩叶，洗净焯水后再以清水淘洗数次去其辛辣味，可以加油盐等调料凉拌，也可以用作食用香料。

药用功效

● 全草可入药，味辛、微苦，性温，具有疏风清热、行气消肿、健胃利尿的功效，可用于治疗风寒感冒、消化不良、肠炎痢疾、水肿等症，外用可治跌打肿痛与蛇虫咬伤。

茎上部有 3~5 歧聚伞式分枝

基生叶，倒披针形或披针形，革质，边缘有锐齿

茴香

别名：小怀香、香丝菜、小茴香、茴香子

科属：伞形科茴香属

分布：全国各地

形态特征

⊙ 多年生草本植物。常规植株高 35~60 厘米，全株光滑无毛，表面被有白霜，有强烈的香辛气；茎直立，呈假二杈分枝，灰绿色或霜白色；叶互生，三至四回羽状复叶，小叶线形，叶柄很长，基部成鞘状抱茎；复伞形花序顶生，直径 1~2 厘米，总花梗较长，无总苞和小苞片，伞辐多数，长短不一；花较小，花瓣 4~5 枚，黄色宽卵形，先端向内翻卷；雄蕊 5 枚，比花瓣稍长；悬果呈长圆卵形，有 5 条纵棱；花期 6~7 月，果期 9~10 月。

生长环境

⊙ 喜光照充足的冷凉气候，稍耐寒，较耐旱，忌水涝。

食用部位

⊙ 嫩茎叶和果实。

食用方法

⊙ 嫩茎叶洗净后切段加盐、味精、香油及其他调料拌食，味清香，能增进食欲。很少做成炒菜，但也可以和鸡蛋、肉末炒食，或配以肉末做汤。北方多用来做馅包饺子或包包子。果实多作为香料用。

药用功效

⊙ 果实是重要的中药，味辛性温，具有除湿祛痰、温肾散寒、和胃理气、促进消化、行气止痛的功效。可用于辅助治疗胃寒痛、少腹冷痛、肾虚腰痛、寒疝、痛经等症。

茎直立，呈假二杈分枝

三至四回羽状复叶，小叶线形

复伞形花序顶生，小花黄色

商陆

别名： 章柳、山萝卜、见肿消、倒水莲、金七娘、猪母耳、白母鸡

科属： 商陆科商陆属

分布： 河南、湖北、山东、浙江、江西等

形态特征

◎ 多年生草本植物。高 70~120 厘米，全株无毛；茎直立，多分枝，绿色或红紫色；薄纸质叶片互生，多披针状椭圆形，长 10~30 厘米；总状花序直立，圆柱状，顶生或与叶对生，多花密集；花冠多白色、黄绿色，花瓣 5 片，呈卵形或椭圆形；果序直立，浆果呈扁球形，直径约 7 毫米，成熟时紫黑色；肉质根肥大，倒圆锥形，外皮淡黄色，内面黄白色；花期 6~8 月，果期 8~10 月。

生长环境

◎ 喜温暖湿润的环境，耐寒忌涝，适应性较强，对土壤要求不严，常野生于山坡、荒地、林下、路旁及房舍周围。

食用部位

◎ 嫩茎叶。

食用方法

◎ 商陆有两种，茎紫红色者有毒，不可食用，而绿茎商陆苗是一种优质野生蔬菜。绿茎商陆的嫩茎叶经开水焯烫后以清水淘洗数次，沥干水分后可以油盐凉拌，也可以大火素炒。

药用功效

◎ 肉质根可以药用，以白色肥大者为佳，红根有剧毒，仅供外用。能通便消肿、解淤散结，可用于水肿胀满、大便燥结等症，外用可治痈肿疔疮。

茎直立，多分枝，绿色或红紫色

总状花序圆柱状，小花多为白色

浆果呈扁球形，成熟时紫黑色

诸葛菜

别名：菜子花、二月蓝、紫金草

科属：十字花科诸葛菜属

分布：我国东北、华北及华东地区

形态特征

◎ 一年生或二年生草本植物。植株无毛，高10~50厘米；茎直立，基部或上部有分枝，浅绿色或略带紫色；基生叶和下部的茎生叶大头羽状全裂，叶片边缘有钝齿，长3~7厘米，宽2~3.5厘米，叶柄较长，被有疏柔毛，上部叶呈长圆形或狭卵形，叶缘具有不规则小齿；花紫色、淡红色或白色，直径2~4厘米，有4枚宽倒卵形的花瓣，上有细密脉纹；种子卵形至长圆形；花期4~5月，果期5~6月。

生长环境

◎ 适应性强，耐寒耐阴，常生于平原或山地的路旁、田边或杂木林边缘。

食用部位

◎ 嫩茎叶。

食用方法

◎ 嫩茎叶采摘回来后，入沸水中焯烫，以除去苦涩的味道，捞出洗净后，可以加调味料凉拌食用，也可以与其他食材一起炒食或做汤，还可以拌入适量面粉，入锅蒸成蔬菜饼食用。

药用功效

◎ 全草可入药，具有清热解毒、消炎杀菌、开胃下气、利湿消肿等功效，对热毒风肿、饮食积滞、痈疽疮疡等症有很好的辅助治疗作用。

花紫色、淡红色或白色，花瓣宽倒卵形

上部叶呈长圆形或狭卵形，叶缘具有不规则小齿

荠菜

别名：扁锅铲菜、地丁菜、地菜、靡草、花花菜、菱角菜

科属：十字花科荠属

分布：全国各地

形态特征

➥ 一年生或二年生草本植物。植株高 10~50 厘米；茎纤细直立，单一或基部分枝；基生叶丛生，常呈莲座状排列，大头羽状分裂，长可达 12 厘米；茎生叶抱茎，羽状分裂，叶片卷缩，边缘有缺刻或锯齿，质脆易碎，灰绿色或橘黄色；总状花序顶生及腋生，果期延长可达 20 厘米；小花白色，卵形花瓣 4 枚，长 2~3 毫米，十字形排列；角果倒心状三角形，顶端微凹，扁平无毛；种子浅褐色，长椭圆形；花果期 4~6 月。

生长环境

➥ 喜冷凉湿润的气候，较耐寒，多野生于田野、山坡及路旁。

食用部位

➥ 全草。

食用方法

➥ 嫩茎叶可以和鸡蛋或鲜肉一起做馅包饺子、炸丸子；也可以清炒或搭配其他荤素食材煮汤，清香可口，风味独特；还可以切碎煮蔬菜粥。

药用功效

➥ 全草可入药，味甘性平，具有清热解毒、利水消肿、凉血止血、平肝明目的功效，可用于痢疾、水肿、便血、目赤肿痛等症，也可以降血糖、降血压以及改善夜盲症和白内障等。

植株高 10~50 厘米

总状花序顶生及腋生，小花白色

角果倒心状三角形，扁平无毛

菥蓂

别名：遏蓝菜、败酱草、犁头草

科属：十字花科菥蓂属

分布：全国各地

形态特征

⊙ 一年生草本植物。植株高 9~60 厘米，无毛；茎直立，有棱，不分枝或分枝；基生叶长 3~5 厘米，宽 1~1.5 厘米，倒卵状长圆形，顶端圆钝或急尖，基部抱茎，叶缘有疏锯齿；总状花序顶生，花白色，花瓣长圆状倒卵形，顶端圆钝或微凹；萼片卵形，顶端圆钝；短角果倒卵形或近圆形，扁平，顶端凹入，边缘有翅；种子倒卵形，黄褐色，有同心环状条纹；花期 3~4 月，果期 5~6 月。

生长环境

⊙ 多生于平地的路边、荒地、林边或村舍的附近。

食用部位

⊙ 嫩苗叶。

食用方法

⊙ 采集菥蓂的新鲜苗叶，清水洗净后焯水，再用凉水淘洗数次以去其稍显刺激的酸辣味，可以凉拌，也可以炒食或拌面粉蒸食，还可以做馅料用来包饺子、包包子或烙菜饼。

药用功效

⊙ 全草、嫩苗和种子均可入药，味苦、辛，性平，具有清热解毒、消肿排脓、和胃止痛、利肝明目的功效，可用于辅助治疗肾炎、风湿性关节炎、痈疖肿毒、脘腹胀痛、小儿消化不良、眼目肿痛等症。

基生叶倒卵状长圆形，顶端圆钝或急尖

短角果倒卵形或近圆形，边缘有翅

蕹菜

别名: 空心菜、藤藤菜、通菜

科属: 旋花科番薯属

分布: 我国长江流域以南各省

形态特征

➋ 一年生草本植物,蔓生或漂浮于水面。茎圆柱形,有节,节间中空,节上生根;叶片形状和大小均有变化,卵形、长卵形、长卵状披针形或披针形,顶端锐尖或渐尖,具有短小尖头,基部心形、戟形或箭形,偶尔截形,长3.5~17厘米,宽0.9~8.5厘米;聚伞花序腋生,具有1~3(或5)朵花;苞片小鳞片状;萼片卵形,顶端钝,具有短小尖头;花冠白色、淡红色或紫红色,漏斗状;蒴果卵球形至球形;种子密被短柔毛或有时无毛。

生长环境

➋ 宜生于温暖湿润、土壤肥沃的环境,耐炎热,不耐霜冻,在长江流域各省4~10月均能生长。

食用部位

➋ 嫩茎叶。

食用方法

➋ 生长期采摘嫩茎叶,洗净后可以炒食、做汤,或者焯熟加调味料凉拌,都很美味。

药用功效

➋ 茎叶和根均可入药,具有凉血清热、利湿解毒、健脾等功效,主治鼻衄、便血、尿血、淋浊、痔疮、痈肿、蛇虫咬伤、妇女白带等症。

叶卵形、长卵形、长卵状披针形或披针形

花冠白色、淡红色或紫红色,漏斗状

美人蕉

别名： 红艳蕉、小花美人蕉、小芭蕉

科属： 美人蕉科美人蕉属

分布： 我国南北各地

形态特征

● 多年生宿根草本植物。多丛生，植株高可达 1.5 米；全株绿色无毛，被有蜡质白粉；叶较大，单叶互生，卵状长圆形，长 10~30 厘米，叶柄鞘状抱茎；稀疏的总状花序顶生；苞片卵形，长约 1 厘米；花多为红色，也有黄色、粉色等，花冠管较短，花瓣披针形，长 3~3.5 厘米，稍弯曲反卷；蒴果呈长卵形，绿色有软刺，长 1~2 厘米；根茎呈块状；花果期 3~12 月。

生长环境

● 喜光照充足、温暖湿润的环境，耐瘠薄，稍耐水湿，不耐寒，畏强风和霜冻。宜生于疏松肥沃、排水良好的土壤中。

食用部位

● 花朵。

食用方法

● 新鲜花朵去杂洗净，入沸水焯烫，捞起沥干晾凉，可以凉拌、做汤或煮粥，也可以搭配其他食材炒食，还可以做馅。花朵晒干后能用来泡茶。

药用功效

● 根状茎可入药，味甘性凉，具有清热利湿、安神降压、舒筋活络的功效，可用于黄疸型肝炎、风湿骨痛、关节不利、高血压、产后体虚、月经不调、跌打损伤等症。花入药可以止血。

稀疏的总状花序顶生，花瓣披针形

叶片卵状长圆形，叶柄鞘状抱茎

蒴果呈长卵形，绿色有软刺

豆瓣菜

别名：西洋菜、水田芥、凉菜、耐生菜、水芥、水蔊菜

科属：十字花科豆瓣菜属

分布：我国大部分省份

形态特征

➋ 多年生水生草本植物。植株高 20~40 厘米，全株光滑无毛；茎匍匐贴地或浮水生，分枝较多，节处生有不定根；奇数羽状复叶互生，有小叶片3~9 枚，近圆形或宽卵形，顶端 1 片较大；多花组成总状花序，顶生；花瓣白色，4 枚，倒卵形或宽匙形，长 3~4 毫米，有脉纹；长角果呈扁长的圆柱形，长 15~20 毫米，果柄较细；种子卵形，红褐色，表面具有网状纹脉，直径约 1 毫米；花期 4~5 月，果期 6~7 月。

生长环境

➋ 喜冷凉湿润的环境，多生于海拔 850~3700 米的沟渠边、沼泽地、溪流旁或水田中。

食用部位

➋ 嫩茎叶。

食用方法

➋ 春秋季均可采摘嫩茎叶，吃法也有多种，可以用开水烫过后凉拌、炒食，也可以用来做汤、做馅或腌制贮存备食。西餐中常用作配菜。

药用功效

➋ 全草可入药，味甘微苦，性寒，具有清燥润肺、消炎解毒、化痰止咳、凉血利尿等功效，可用于辅助治疗肺热咳嗽、痰少口干、肠燥便秘及疔毒痈肿等症。

奇数羽状复叶互生，顶端 1 片较大

总状花序顶生，小花白色

芝麻菜

别名： 臭菜、东北臭菜、芸苔、飘儿菜

科属： 十字花科芝麻菜属

分布： 我国东北、华北、西北以及江苏、四川、云南等

形态特征

◇ 一年生草本植物。植株高 20~90 厘米；茎直立，上部多分枝，疏生刚毛；下部叶大头羽状深裂，长 4~7 厘米，全缘，叶背面脉上疏生柔毛，叶柄较长；上部叶较下部叶小，无柄，具有 1~3 对裂片；多花疏生组成总状花序；花瓣 4 枚，倒卵形，长 1.5~2 厘米，十字形排列，初淡黄色，后变白色，有清晰的紫色脉纹；长角果圆柱形，喙短而宽扁，长 2~3 厘米；种子近球形，淡褐色，有棱角；花期 5~6 月，果期 7~8 月。

生长环境

◇ 多生于海拔 1400~3100 米的向阳斜坡、农田、荒地、路旁、水沟边等处。

食用部位

◇ 嫩茎叶。

食用方法

◇ 嫩茎叶含有多种维生素、矿物质等营养成分，春季采其嫩茎叶，洗净入沸水中焯过再用清水浸泡，沥干水分后可以凉拌、煮汤或搭配其他食材热炒，均色鲜味美。

药用功效

◇ 种子含油量高达 30%，所榨的种子油有缓和、利尿等功效，能降肺气，可用于辅助治疗久咳不止、尿急尿频等症。

叶片羽状深裂

多花疏生组成总状花序，花瓣 4 枚

朝天委陵菜

别名：伏委陵菜、仰卧委陵菜、铺地委陵菜

科属：蔷薇科委陵菜属

分布：黑龙江、辽宁、河北、山西、甘肃、河南、安徽、江西等

形态特征

⊘ 一年生或二年生草本植物。茎平展，上升或直立，叉状分枝；基生叶为羽状复叶，有小叶 2~5 对，小叶互生或对生，无柄，长圆形或倒卵状长圆形，顶端圆钝或急尖，基部楔形或宽楔形；茎生叶与基生叶相似，小叶对数向上逐渐减少；花茎上多叶，下部花自叶腋生出，顶端呈伞房状聚伞花序；花直径 0.6~0.8 厘米；萼片三角卵形，副萼片长椭圆形或椭圆状披针形；花瓣黄色，倒卵形，顶端微凹；瘦果长圆形；花果期 3~10 月。

生长环境

⊘ 常生于海拔 100~2000 米的荒地、草甸、田边、山坡湿地及河岸沙地上。

食用部位

⊘ 嫩茎叶。

食用方法

⊘ 春季采摘嫩茎叶，洗净后先用开水烫一下，捞出洗去涩味，可以炒食、凉拌或做汤。

药用功效

⊘ 全草可入药，味苦，性寒，具有清热解毒、凉血止痢的功效，可用于治疗感冒发热、肠炎、痢疾、血热及各种出血症。鲜品外用可治疗痈肿疮毒和毒蛇咬伤。

基生叶为羽状复叶，有小叶 2~5 对

花瓣黄色，倒卵形，顶端微凹

地榆

别名：黄瓜香、山枣子、山地瓜

科属：蔷薇科地榆属

分布：黑龙江、吉林、辽宁、山西、甘肃、青海、河南、江苏、贵州等

形态特征

● 多年生草本植物。根粗壮，多呈纺锤形，稀圆柱形；茎直立，有棱；基生叶为羽状复叶，有小叶 4~6 对，小叶片有短柄，卵形或长圆状卵形；茎生叶较少，长圆形至长圆状披针形；基生叶托叶膜质，褐色，茎生叶托叶大，草质，半卵形；穗状花序椭圆形、圆柱形或卵球形，直立，从花序顶端向下开放；苞片膜质，披针形，顶端渐尖至尾尖；萼片 4 枚，紫红色，椭圆形至宽卵形；果实包藏在宿存萼筒内；花果期 7~10 月。

生长环境

● 常生于海拔 300~3000 米的草甸、草原、山坡草地、灌丛中、疏林下等处。

食用部位

● 嫩苗、嫩茎叶或嫩花穗。

食用方法

● 春季采摘嫩苗，夏季采摘嫩茎叶或嫩花穗，洗净，焯烫，捞出用凉水冲去苦涩味，可以炒食、凉拌、做馅等。

药用功效

● 干燥的根入药，具有凉血止血、解毒敛疮的功效，可用于治疗便血、痔血、血痢、痈肿疮毒、水火烫伤等症。

茎生叶较少，长圆形至长圆状披针形

穗状花序椭圆形、圆柱形或卵球形

繁缕

别名：鹅肠菜、鹅耳伸筋、鸡儿肠

科属：石竹科繁缕属

分布：除新疆、黑龙江外，全国各地均有分布

形态特征

➡ 一年生或二年生草本植物。高 10~30 厘米，茎伏生或上升，略带淡红色，被有疏毛；叶片宽卵形或卵形，长 1.5~2.5 厘米，顶端渐尖或急尖，基部近心形，叶全缘；稀疏的聚伞花序顶生，花梗较细弱；花冠白色，花瓣 5 片，长卵状，深 2 裂达基部；蒴果呈卵形，顶端 6 裂；种子红褐色，扁卵圆形，直径 1~1.2 毫米，表面有小凸起；花期 6~7 月，果期 7~8 月。

生长环境

➡ 喜温和湿润的环境，能抗较轻的霜冻。多生于海拔 500~3700 米的荒坡、林缘、田野、路旁等处，为常见的田间杂草。

食用部位

➡ 嫩苗。

食用方法

➡ 繁缕含有多种维生素及矿物质，营养丰富，春季掐其嫩梢，洗净后快速焯水，可以凉拌、炒食或煮汤，皆是好风味，也可以用来调馅或煮蔬菜粥。

药用功效

➡ 茎、叶及种子供药用，味微苦、甘、酸，性凉。具有清热解毒、化淤止痛、利尿消肿、下乳等功效，可用于暑热呕吐、恶疮肿毒、痔疮便血、跌打伤痛、痢疾、产后腹痛、乳汁不下等症。

叶片宽卵形或卵形，全缘

白色花瓣 5 片，深 2 裂达基部

反枝苋

别名： 野苋菜、苋菜、西风谷

科属： 苋科苋属

分布： 我国东北及内蒙古、河北、山东、河南、陕西、甘肃、新疆等

形态特征

● 一年生草本植物。植株高 20~80 厘米；茎粗壮直立，单一或分枝，具有纵棱，淡绿色略带紫色或紫红色；叶互生，多呈菱状卵形，长 5~12 厘米，全缘或波状缘，两面被有柔毛，叶柄较长；圆锥花序直立，顶生和腋生，由多数穗状花序组成，顶生花穗稍长于侧生花穗；花很小，被片矩圆状倒卵形或矩圆形，长 2~2.5 毫米，白色薄膜质；胞果呈扁卵形，淡绿色薄膜质，环状横裂；花期 7~8 月，果期 8~9 月。

生长环境

● 喜湿润的环境，较耐旱，环境适应性极强，随处可长，多生于菜园、田边、村舍附近。

食用部位

● 幼苗和嫩茎叶。

食用方法

● 幼苗和嫩茎叶焯水后可以凉拌或炒食，也可以用它制作窝窝头、煮蔬菜粥、烙菜饼等。反枝苋含有丰富的铁元素，被誉为"补血菜"，常食对人体健康极有益。

药用功效

● 反枝苋味甘性凉，具有清热明目、润肠通便、利水消肿、抗炎止血等功效，可用于尿血便血、痔疮肿痛、急性肠炎、腹泻痢疾等症。

茎粗壮直立，单一或分枝，淡绿色或紫红色

叶互生，多菱状卵形，全缘或波状缘

圆锥花序由多数穗状花序组成

魔芋

别名：蒟蒻、磨芋、蒻头、鬼芋、花梗莲、虎掌

科属：天南星科磨芋属

分布：云南、贵州、四川、陕西、湖北等

形态特征

⊙ 多年生草本植物。植株高约 40~70 厘米；初生叶直立，叶柄圆柱形，粗壮似茎，青白色；叶 3 次羽状分裂后，羽状复叶互生，小叶长圆状椭圆形，全缘；花葶从块茎顶部抽出，佛焰苞喇叭状，暗紫色，带有褐色斑纹；肉穗花序，花紫红色，有臭气；地下块茎为扁球形，肉质，暗红褐色，直径可达 20 厘米或更长；花期 7~8 月，果期 9~10 月。

生长环境

⊙ 常生于低海拔高纬度地区的溪边灌丛中或林下，宜生于深厚肥沃、排水良好的轻砂质土壤中。

食用部位

⊙ 块茎。

食用方法

⊙ 生魔芋是有毒的，需煮 3 个小时左右才可以去除其毒性。魔芋的块根含淀粉较多，去毒后可以直接食用，也可以用来煮汤或炖肉。魔芋块茎去毒后晒干磨成粉，可以用来制作饼干、面条、豆腐等。

药用功效

⊙ 块茎可入药，味辛性寒，有毒，具有活血化淤、排毒消肿、润肠通便、软坚化积的功效，可用于高血压、高血糖、外伤淤肿、大便不畅、咽喉肿痛、牙龈肿痛等症。

初生叶叶柄圆柱形，粗壮似茎，青白色

佛焰苞喇叭状，暗紫色，带有褐色斑纹

有时数花集成聚伞花序，羽状复叶互生，小叶长圆状椭圆形 色彩鲜艳的聚花果

地下块茎发芽

青葙

别名：草蒿、姜蒿、昆仑草、百日红、鸡冠苋

科属：苋科青葙属

分布：全国各地

形态特征

→ 一年生草本植物。植株高 40~80 厘米，全体无毛；茎直立，绿色或红色，多分枝，具有明显纵棱；叶片多披针形或条状披针形，长 5~8 厘米，绿色常带红色，顶端生有小芒尖，叶柄短或无叶柄；花序顶生，塔状或圆柱形穗状，自下而上由白色渐变到粉红色或紫红色，长 3~10 厘米；胞果呈卵形，长 3~3.5 毫米，包于宿存花被内；种子肾形，表面黑色或红黑色，直径约 1.5 毫米；花期 5~8 月，果期 6~10 月。

生长环境

→ 喜温暖的环境，耐热不耐寒，多生于海拔 20~1500 米的平原、田边或山坡。

食用部位

→ 嫩苗叶和花序。

食用方法

→ 嫩苗叶和花序入沸水焯烫，再用清水淘洗去苦味后，凉拌、炒食、炖煮皆可，有清肝明目的保健作用。

药用功效

→ 种子名为"青葙子"，味甘微苦，性寒，无毒。可以清肝明目、降压、退翳，常用于目赤肿痛、角膜云翳、高血压、皮肤风热瘙痒等症的治疗。其茎叶及根入药，可以祛湿清热、凉血止血。

叶片多披针形或条状披针形，绿色常带红色

花序自下而上由白色渐变到粉色或紫色

空心莲子草

别名：空心苋、水蕹菜、革命草、水花生

科属：苋科莲子草属

分布：我国华东、华中、华南和西南地区

形态特征

⊙ 多年生草本植物。植株高 55~120 厘米；茎基部匍匐，上部斜升，管状中空，具有不明显的 4 条棱；叶对生，长圆形至倒卵状披针形，长 2.5~5 厘米，全缘；头状花序单生于叶腋，球形，直径 8~15 毫米，有较长的总花梗；苞片卵形，小苞片披针形，皆白色；花冠白色或略带粉红色，裂片长圆形，长 5~6 毫米，光亮无毛；果实未见；花期 5~10 月。

生长环境

⊙ 喜湿，多生于池塘边、水沟旁或低湿洼地。

食用部位

⊙ 嫩茎叶。

食用方法

⊙ 嫩茎叶可以作蔬菜食用。春夏采其嫩茎叶，洗净入沸水焯烫，清水浸洗数次后捞起沥干，可以凉拌、炒食或做馅，清鲜可口，也可以切碎后煮粥、做蒸菜或烙菜饼。

药用功效

⊙ 全草可入药，味苦性寒，具有清热利水、凉血解毒的功效，可用于辅助治疗流行性乙型脑炎早期、流行性出血热初期、尿路感染、带状疱疹、麻疹等症。

叶对生，长圆形至倒卵状披针形

头状花序单生于叶腋

花冠白色或略带粉红色，长圆形

鸡冠花

别名：鸡髻花、老来红、凤尾鸡冠、大鸡公花、鸡角根、红鸡冠

科属：苋科青葙属

分布：我国南北各地

形态特征

⊙ 一年生直立草本植物。植株高 30~80 厘米；茎粗壮无毛，分枝少，绿色或略带红色，有细密棱纹，近上部扁平；单叶互生，卵形、卵状披针形或披针形，长 5~13 厘米，绿色或紫红色，全缘；多花密生，成扁平肉质鸡冠状、卷冠状或羽毛状的穗状花序；花被片颜色丰富，干膜质，宿存；胞果呈卵形，熟时开裂，包在宿存的花被内；种子黑色有光泽，呈肾形；花果期 7~9 月。

生长环境

⊙ 喜光照充足、温暖干燥的环境，不耐旱，不耐霜冻，忌水涝，但对土壤要求不是很严，适应性较强，较易存活。

食用部位

⊙ 嫩花。

食用方法

⊙ 鸡冠花富含氨基酸，其嫩花洗净后可以用来炒菜，也可以用来做汤或煮粥，如鸡冠花蛋花汤，颜色鲜艳，味道特别。

药用功效

⊙ 鸡冠花味甘性凉，具有疏风散热、收敛涩肠、凉血止血、止泻止带的功效，适用于痔漏下血、赤白痢疾、吐血咳血、经水不止、白带、砂淋等症。鸡冠花的种子能清肝明目，适用于目赤肿痛、翳障等症。

茎粗壮无毛，绿色或略带红色，有细密棱纹

多花密生，成扁平肉质穗状花序，多鸡冠状

花被片颜色丰富

单叶互生，卵状披针形或披针形

植株高 30~80 厘米

水烛

别名：蒲草、水蜡烛、狭叶香蒲

科属：香蒲科香蒲属

分布：我国东北、华北、西北、西南地区

形态特征

➡ 多年生水生或沼生草本植物。地上假茎直立，高约 1.5~2 米；叶片狭长，上部扁平，中部以下叶面稍微凹陷，长 54~120 厘米，叶鞘抱茎；穗状花序，雄花序在上，雌花序在下；雄花序轴单出或分叉，被有褐色扁柔毛；雌花序黄褐色，圆柱形，长 15~30 厘米；小坚果生有褐色斑点，矩圆形，长约 1.5 毫米，纵向开裂；种子深褐色，长约 1 毫米；根状茎呈灰黄色或乳黄色，先端白色；花果期 6~9 月。

生长环境

➡ 喜湿，分布较广，常生于河湖岸边、水塘边、沼泽地、低洼湿地。

食用部位

➡ 假茎的基部和根状茎的先端。

食用方法

➡ 水烛是我国的一种野生蔬菜，其假茎的白嫩部分（即蒲菜）和地下根状茎尖端的幼嫩部分（即草芽）去杂洗净，可以炒食，味道清爽可口。

药用功效

➡ 花粉可以入药，称为"蒲黄"，味甘、辛，性凉。具有消炎止痛、凉血止血、化淤通淋的功效，可用于辅助治疗经闭腹痛、脘腹刺痛、跌打肿痛、疮疖肿毒等症。

叶片狭长

雌花序黄褐色，圆柱形

地黄

别名： 生地、怀庆地黄、小鸡喝酒、酒壶花

科属： 玄参科地黄属

分布： 辽宁、河北、河南、山东、山西、陕西、甘肃、内蒙古、江苏等

形态特征

◎ 多年生草本植物。植株高 10~30 厘米；茎紫红色，密被灰白色长柔毛；叶基生，呈莲座状排列，叶片卵形至长椭圆形，长 2~13 厘米，叶脉明显，叶缘有不规则锯齿；总状花序顶生或几乎全部单生于叶腋而分散在茎上；花冠筒形，长 3~4.5 厘米，有裂片 5 枚，内面黄紫色，外面紫红色，两面均被有长柔毛；蒴果长卵形或卵形，长 1~1.5 厘米；肉质块根肥厚，鲜时黄色，直径可达 5.5 厘米；花果期 4~7 月。

生长环境

◎ 常生于海拔 50~1100 米的山坡、山脚及路旁荒地。

食用部位

◎ 嫩叶和根。

食用方法

◎ 嫩叶可以用来做汤、煮粥，根茎可以榨汁来和面，或者切丝凉拌、切片炒食、切块炖煮均可。中原的人们更喜欢将地黄腌制成咸菜或用来泡酒、泡茶。

药用功效

◎ 地黄味甘苦，性凉，具有滋阴补肾、清热生津、养血补血的功效，对各种虚症患者大有补益。此外，地黄有强心利尿、解热消炎、降低血糖的作用。

总状花序顶生

花冠筒形，内面黄紫色，外面紫红色，两面均被毛

阿拉伯婆婆纳

别名：波斯婆婆纳、卵子草

科属：玄参科婆婆纳属

分布：我国华东、华中地区及贵州、云南、西藏等

形态特征

➡ 一年生至二年生草本植物。茎自基部铺散，多分枝，长可达1米；叶在茎基部对生，上部互生，呈卵圆状，长6~20毫米，边缘具有钝齿，两面被有疏毛，叶柄很短；总状花序很长；苞片互生，与叶同形且几乎等大；花萼花期较小而果期增大，裂片有睫毛，三出脉；花单生于苞腋，花冠蓝色或蓝紫色，长4~6毫米，裂片圆形或卵形，有放射状条纹，喉部有疏毛；雄蕊短于花冠；蒴果肾形，网脉较明显；花期3~5月。

生长环境

➡ 全国各地都有生长，南方更为普遍，是华东地区早春的常见杂草，多生于田间、路旁。

食用部位

➡ 未开花的嫩苗。

食用方法

➡ 嫩苗洗净后开水焯烫，清水浸泡数小时，可以凉拌、做汤、素炒或搭配其他食材混炒，还可以拌面粉做成蒸菜。

药用功效

➡ 全草可入药，味辛、苦、咸，性平。具有祛风除湿、壮腰补肾、截疟的功效，可用于辅助治疗风湿痹痛、肾虚腰痛、外疟等症。

花单生于苞腋

花冠蓝色或蓝紫色，裂片圆形或卵形，有放射状条纹

鸭跖草

别名： 碧竹子、翠蝴蝶、淡竹叶

科属： 鸭跖草科鸭跖草属

分布： 云南、四川、甘肃以东的南北各省

形态特征

➡ 一年生披散草本植物。茎匍匐贴地而生根，多有分枝，长可达1米，上部常被有短毛；单叶互生，卵状披针形或披针形，长3~9厘米；总苞片与叶对生，有较长的柄，佛焰苞状，常折叠，展开后为心形，叶片边缘多生有硬毛；聚伞花序，顶生或腋生，雌雄同株；花瓣3枚，上面2枚深蓝色，下面1枚多为透明膜质且较小；蒴果较小，呈椭圆形，长5~7毫米，两室，有种子4颗；种子棕黄色，长2~3毫米。

生长环境

➡ 喜温暖湿润的环境，喜弱光，耐旱性强，对土壤要求不严，常见生于湿地。

食用部位

➡ 嫩茎叶。

食用方法

➡ 嫩茎叶焯水后用清水漂洗去除异味，可以凉拌、炒食或做汤、煮蔬菜粥等，皆美味。

药用功效

➡ 全草可入药，味甘、微苦，性寒。具有清热解毒、消肿利尿的功效，可用于辅助治疗喉痹、小便不利、小儿丹毒、肾炎水肿、尿路感染及结石等。此外，对麦粒肿、咽炎、流行性腮腺炎、扁桃体炎也有良好的疗效。

花从绿色总苞片中生出

花瓣2枚深蓝色，1枚透明膜质

凤眼莲

别名： 水葫芦、水浮莲、凤眼蓝、水葫芦苗、布袋莲、浮水莲花

科属： 雨久花科凤眼蓝属

分布： 我国长江、黄河流域及华南各省

形态特征

● 浮水草本植物。植株高 30~60 厘米，茎极短，具有长葡匐枝，葡匐枝淡绿色或带紫色；叶在基部丛生，呈莲座状排列，一般 5~10 片；叶片肥厚，圆形或宽卵形，长 4.5~15 厘米；穗状花序长 17~20 厘米，通常具有花 9~12 朵；花被白色、淡紫红色或淡紫蓝色，裂片 6 枚，最上 1 枚裂片较大，在蓝色中央有 1 个黄色圆斑；蒴果卵形；须根比较发达，呈棕黑色，长达 30 厘米；花期 7~10 月，果期 8~11 月。

生长环境

● 喜温暖湿润、阳光充足的环境，稍耐寒，多生于海拔 200~1500 米的平浅静水中。

食用部位

● 嫩叶、嫩叶柄和花。

食用方法

● 嫩叶和叶柄入沸水焯烫后可以油盐凉拌，其花可以直接食用，味道清香爽口，并有润肠通便的功效，也可以热炒。

药用功效

● 凤眼莲味淡性凉，可以清热解暑、利尿消肿、祛风除湿，适用于感冒发热、中暑烦渴、肾炎水肿、小便涩痛等症，外敷可用于热疮痈疖、风疹等症。

叶片肥厚，圆形或宽卵形

花被裂片 6 枚，最上 1 枚似"凤眼"

野慈姑

别名：慈姑、水慈姑、狭叶慈姑、三脚剪、水芋

科属：泽泻科慈姑属

分布：我国大部分省份

形态特征

⊙ 多年生水生或沼生草本植物。挺水叶狭箭形，叶片长短、宽窄变异很大；花葶粗壮直立，挺水，高 20~70 厘米；花序总状或圆锥状，长 5~20 厘米，具有花多轮，每轮 2~3 朵花；外轮花被片 3 枚，卵形，萼片状，长 3~5 毫米；内轮花被片 3 枚，花瓣状，白色或淡黄色，长 6~10 毫米；瘦果较小，两侧压扁，倒卵形，种子褐色；茎末端膨大成球茎，卵圆形或球形，肉质，黄白色；花果期 5~10 月。

生长环境

⊙ 喜光照充足、温暖湿润的环境，不耐寒，宜生于肥沃的黏质壤土中。多在水肥充足的沟渠及浅水中生长。适应性强，较易存活。

食用部位

⊙ 球状嫩根茎。

食用方法

⊙ 球茎可作蔬菜食用，洗净后可以切丝或切片炒食，也可以炖汤或拌蜂蜜蒸食，有益脾润肺之效。

药用功效

⊙ 全草可入药，味甘、辛，性寒，有小毒。具有解毒疗疮、清热利胆、凉血消肿、行血通淋的功效。内服可用于辅助治疗黄疸、瘰疬，捣敷或研末外敷可治蛇虫咬伤。

花序总状或圆锥状，长 5~20 厘米

球茎卵圆形或球形，黄白色

皱果苋

别名： 绿苋

科属： 苋科苋属

分布： 东北、华北、华南、华东及陕西、江西、云南等

形态特征

➡ 一年生草本植物。高 40~80 厘米，全体无毛；茎直立，稍有分枝，绿色或带紫色；叶片卵形、卵状矩圆形或卵状椭圆形，顶端尖凹或凹缺，少数圆钝，有 1 个芒尖，基部宽楔形或近截形；圆锥花序顶生，有分枝，由穗状花序形成，圆柱形，细长，直立，顶生花穗比侧生花穗长；苞片及小苞片披针形，花被片矩圆形或宽倒披针形，雄蕊比花被片短；胞果扁球形，绿色，不裂，极皱缩；种子近球形，黑色或黑褐色；花期 6~8 月，果期 8~10 月。

生长环境

➡ 常生于住宅附近的杂草地上及田野间。

食用部位

➡ 幼苗和嫩茎叶。

食用方法

➡ 春夏季采摘幼苗或嫩茎叶，洗净后用沸水烫一下，可以炒食、凉拌、做汤，还可以做馅或晒成干菜。

药用功效

➡ 全草可入药，具有清热解毒、消肿止痛、利尿、滋补等功效。

叶片卵形、卵状矩圆形或卵状椭圆形

圆锥花序顶生，由穗状花序形成

紫花地丁

别名：野堇菜、辽堇菜

科属：堇菜科堇菜属

分布：黑龙江、吉林、辽宁、内蒙古、河北、山东、江西、河南、广西等

形态特征

● 多年生草本植物。无地上茎，根状茎短，淡褐色；叶基生，莲座状，下部叶片通常较小，呈三角状卵形或狭卵形，上部较长，呈长圆形、狭卵状披针形或长圆状卵形，果期叶片增大；托叶膜质，苍白色或淡绿色；花中等大，紫堇色或淡紫色，稀有白色，喉部颜色较淡并带有紫色条纹；花梗通常为多数，细弱；萼片卵状披针形或披针形；花瓣倒卵形或长圆状倒卵形，里面有紫色脉纹；蒴果长圆形；种子卵球形；花果期4月中下旬至9月。

生长环境

● 常生于荒地、林缘、田间、灌丛或山坡草丛中。

食用部位

● 幼苗和嫩茎叶。

食用方法

● 春秋季采摘幼苗或嫩茎叶，洗净后入沸水焯一下，捞出后可以加调味料凉拌，也可以和其他食材一起炒食。

药用功效

● 全草可入药，具有凉血解毒、清热消肿的功效，可用于辅助治疗黄疸、痢疾、目赤肿痛、痈疽发背、乳腺炎等症。

叶多数，基生，莲座状

花中等大，紫堇色或淡紫色，稀有白色

第二章

木本植物

　　木本植物是指根和茎因增粗生长形成大量的木质部且细胞壁也多数木质化的坚固的植物，与草本植物相比，具有木质部发达、茎坚硬、多年生的特点。根据其形态不同，木本植物分为半灌木，如牡丹；灌木，如木槿；乔木，如银杏。木本植物中的某些植物的某个部位也可以作为野菜食用，如槐树花、紫藤花、榆树的翅果（榆钱）等。

紫藤

别名： 朱藤、招藤、招豆藤、藤萝

科属： 豆科紫藤属

分布： 我国黄河长江流域及陕西、河南、广西、贵州、云南等

形态特征

⊙ 落叶藤本植物。茎盘旋延展，枝较粗壮；奇数羽状复叶，长 15~25 厘米，有纸质小叶 3~6 对，卵状披针形或卵状椭圆形，从上往下渐小；总状花序长 15~30 厘米，蝶形小花密集，花冠紫色，旗瓣圆形，先端略凹，翼瓣多呈矩圆形，龙骨瓣比翼瓣稍短；子房密被绒毛，线形；荚果密被绒毛，倒披针形，长 10~15 厘米，悬垂于枝上不脱落；种子圆形略扁平，褐色有光泽；花期 4~5 月，果期 5~8 月。

生长环境

⊙ 耐热耐寒，耐水湿，耐瘠薄，适应性较强，一般环境和气候都能生长。

食用部位

⊙ 花。

食用方法

⊙ 紫藤花洗净后拌面粉蒸食，清香味美，也可以焯水后凉拌或大火快炒、裹面油炸。紫藤的豆荚、种子和茎皮有小毒，注意不要把它们掺入紫藤花中误食，否则会引起呕吐腹泻甚至脱水。

药用功效

⊙ 茎皮、花及种子均可入药。花可以解毒、止吐泻；种子有小毒，含氰化物，可以缓解筋骨疼痛；紫藤皮能杀虫、止痛，可以辅助治疗风湿痹痛、蛲虫病等。

茎盘旋延展，枝较粗壮

藤花旗瓣圆形，翼瓣多呈矩圆形，龙骨瓣比翼瓣稍短

奇数羽状复叶，有小叶 3~6 对，从上往下渐小

荚果密被绒毛，倒披针形

总状花序，花冠紫色，花枝悬垂如瀑

皂荚

别名：皂角、皂荚树

科属：豆科皂荚属

分布：河南、河北、山东、甘肃、江西、湖北、广西、贵州等

形态特征
⊙ 落叶乔木或小乔木。高可达30米，枝灰色至深褐色；刺粗壮，常分枝，多呈圆锥状，长可达16厘米；叶为一回羽状复叶，纸质，卵状披针形至长圆形；花杂性，黄白色，组成总状花序，花序腋生或顶生；雄花深棕色，外面被有柔毛，萼片4枚，三角状披针形，花瓣4枚，长圆形；两性花的花瓣长5~6毫米；荚果带状，劲直或扭曲，果肉稍厚，两面鼓起，有的荚果短小，柱形，弯曲成新月形，内无种子；果瓣革质，褐棕色或红褐色；花期3~5月，果期5~12月。

生长环境
⊙ 常生于山坡林中或路旁、谷地等处。

食用部位
⊙ 嫩芽。

食用方法
⊙ 春季采摘嫩芽，洗净入热水焯一下，捞出后可以加调味料凉拌，也可以做汤、炒食，或者拌面粉蒸食。

药用功效
⊙ 果实可入药，具有祛痰止咳、开窍通闭、杀虫散结的功效，可用于辅助治疗咳嗽痰喘、口眼歪斜、头风头痛、肠风便血、痈肿便毒等症。

落叶乔木或小乔木，高可达30米

荚果带状，劲直或扭曲

胡枝子

别名：荻、胡枝条、扫皮、随军茶

科属：豆科胡枝子属

分布：我国东北、华北地区及山东、河南、陕西、浙江、福建等

形态特征

◎ 直立灌木植物。植株高 1~3 米；茎多分枝，小枝暗褐色或黄色，具有纵棱，被有疏毛；羽状复叶具有 3 枚小叶，小叶质地较薄，卵状长圆形、卵形或倒卵形，长 1.5~6 厘米，全缘；总状花序生于叶腋，常构成大型疏松的圆锥花序，总花梗较长；蝶形花红紫色，稀见白色，长约 1 厘米，旗瓣呈倒卵形，顶端稍缺，翼瓣较短，近长圆形，龙骨瓣与旗瓣约等长；荚果稍扁，呈斜倒卵形，长约 1 厘米，表面有网状纹路，密被短毛；花期 7~9 月，果期 9~10 月。

生长环境

◎ 耐旱耐瘠薄，耐酸耐盐碱，适应性极强，多生于海拔 150~1000 米的山坡、田边、野地、路旁、灌丛及林缘等处。

食用部位

◎ 嫩叶和种子。

食用方法

◎ 种子富含蛋白质，可以采集后舂捣成米，开水焯数次后下锅煮粥或蒸饭，还可以用它来代替大豆做成豆腐。嫩叶可以制茶泡水饮用。

药用功效

◎ 根、茎和花皆可入药，味苦，性微寒，具有润肺清热、理气活血的功能，可用于肺热咳嗽、便秘痔疮等症。

羽状复叶具有 3 枚小叶，卵形、倒卵形或卵状长圆形

总状花序，常构成大型疏松的圆锥花序，蝶形花红紫色

合欢

别名：红粉朴花、朱樱花、红绒球、绒花树、夜合欢、马缨花

科属：豆科合欢属

分布：除新疆、西藏外，全国大部分地区均有分布

形态特征

⊙ 落叶乔木植物。高可达 16 米，树冠广伞形；树干粗糙，灰褐色，嫩枝、花序和叶轴皆被毛；二回羽状复叶，羽片 4~12 对，各生小叶 10~30 对，小叶线形至矩圆形，长 6~12 毫米，夜间叶子会闭合；头状花序顶生或腋生，多数集生于枝顶伞房状排列；花冠粉红色，基部白色，呈丝绒状，长 8 毫米；荚果扁条形，不裂，长 9~15 厘米，幼时被有柔毛，老时无毛；花期 6~7 月，果期 8~10 月。

生长环境

⊙ 喜光照充足、温暖湿润的环境，耐旱耐瘠薄，忌水涝，宜生于排水良好的肥沃土壤中。多生于林边、路旁或山坡。

食用部位

⊙ 嫩叶和花。

食用方法

⊙ 采集合欢树的嫩叶后开水焯烫，凉拌、炒食或做汤皆可。合欢的花可以开水冲泡作茶饮，还能用来煮花粥或泡酒。

药用功效

⊙ 树皮和花或花蕾均可入药，味甘性平，能宁神解郁、和中理气，可以缓解心神不安、心气躁急、胸闷郁结以及失眠健忘等症。

二回羽状复叶，羽片 4~12 对，小叶线形至矩圆形

头状花序顶生或腋生，多数集于枝顶伞房状排列

花冠粉红色，基部白色，呈丝绒状

英果扁条形，不裂，长9~15厘米

植株高大，树冠广伞形

槐树

别名： 国槐、槐蕊、豆槐、白槐、细叶槐、护房树、家槐

科属： 豆科槐属

分布： 我国南北各地

形态特征

⊙ 乔木植物。高 15~25 米；树皮灰褐色，具有不规则纵裂纹；羽状复叶长 15~25 厘米，具有纸质小叶 4~7 对，对生或近互生，多卵状长圆形，长 2.5~6 厘米；圆锥花序生于枝顶，常呈金字塔形，长可达 30 厘米；花白色或乳白色，味甜香；荚果肉质，串珠状，长 2.5~5 厘米，无毛，成熟后不开裂；种子近肾形，淡黄绿色，干后黑褐色；花期 4~5 月，果期 8~10 月。

生长环境

⊙ 喜光照充足的环境，稍耐阴，较耐寒，耐旱耐瘠薄，能抗风。对土壤要求不严，生长势强。多生于山坡、荒林。

食用部位

⊙ 嫩叶和花。

食用方法

⊙ 嫩叶焯水后可以凉拌或拌面粉做蒸菜。新鲜槐花可以生食，也可以做馅包饺子、包包子等，或搭配其他食材炒食、做汤。北方人民多拌面粉蒸食槐花，别具风味。制成药茶饮用，如槐芽茶、槐叶茶。

药用功效

⊙ 花和荚果均可入药，具有清肝明目、凉血止血的功效，可用于肝热目赤、血淋崩漏等症；叶和根皮能清热解毒、消肿止痛，可用于疖癣疔肿、痔疮便血等症。

树皮灰褐色，具有不规则纵裂纹

羽状复叶，小叶对生或近互生

圆锥花序生于枝顶，花白色或乳白色

羊蹄甲

别名：玲甲花、洋紫荆、紫花羊蹄甲

科属：豆科羊蹄甲属

分布：我国南部

形态特征

● 乔木或直立灌木植物。树高 7~10 米；树皮灰色至暗褐色，较厚，比较光滑；叶片近圆形，硬纸质，长 10~15 厘米，先端分裂较长，基部浅心形，叶脉清晰；总状花序侧生或顶生，疏散少花，长 6~12 厘米；花瓣 5 枚，淡红色至紫红色，倒披针形，长 4~5 厘米，具有明显脉纹和较长瓣柄；荚果扁平带状，长 12~25 厘米，熟时开裂；种子深褐色，圆形略扁，直径 12~15 毫米；花期 9~11 月，果期 2~3 月。

生长环境

● 喜阳光充足、温暖湿润的环境，不耐寒。宜生于深厚肥沃、排水良好的偏酸性砂质壤土中。

食用部位

● 花芽和嫩叶。

食用方法

● 采摘鲜嫩的花芽和嫩叶，开水焯烫之后以清水浸洗数次，捞起沥干，可以加调料凉拌，也可以炒食或做汤。

药用功效

● 树皮、花和根均可供药用，具有抗菌、镇痛、抗炎、抗腹泻、抗癌和抗糖尿病的功效。嫩叶的汁液或粉末可以治咳嗽和溃疡。根皮剧毒，忌服。

叶片近圆形，先端分裂较长，基部浅心形

荚果扁平带状

花瓣 5 枚，淡红色至紫红色，倒披针形

北五味子

别名：五味子、山花椒、乌梅子

科属：木兰科五味子属

分布：我国东北、华北地区及山西、宁夏、甘肃、山东等

形态特征

⊙ 落叶木质藤本植物。幼枝红褐色，老枝灰褐色；叶膜质，宽椭圆形、卵形、倒卵形、宽倒卵形或近圆形；雄花花被片粉白色或粉红色，6~9 片，长圆形或椭圆状长圆形，雌花花被片和雄花相似；聚合果长 1.5~8.5 厘米，聚合果柄长 1.5~6.5 厘米；小浆果红色，近球形或倒卵圆形，果皮具有不明显的腺点；种子 1~2 粒，肾形，长 4~5 毫米，宽 2.5~3 毫米，淡褐色，种皮光滑，种脐明显凹入呈 U 形；花期 5~7 月，果期 7~10 月。

生长环境

⊙ 喜凉爽湿润的环境，极耐寒，多生于海拔 1200~1700 米的山谷、沟边、溪旁、山坡、林下。

食用部位

⊙ 嫩茎叶和成熟的果实。

食用方法

⊙ 嫩茎叶洗净焯水后再以清水淘洗多次，捞出沥干，可以凉拌或炒食。成熟后的果实可以用来制作甜羹或果汁。

药用功效

⊙ 北五味子是传统的中药材，味酸带甘，性温。具有敛肺止咳、益气生津、止泻止汗、补肾宁心的功效，可用于久咳不愈、津伤口渴、久泻不止、自汗盗汗、心悸失眠等症。

单叶互生，宽椭圆形或长卵形，网脉明显

浆果聚合成串，近球形，成熟时为艳红色

花被片粉白色或粉红色，6~9 片

聚合果长 1.5~8.5 厘米

老枝灰褐色

玉兰

别名： 白玉兰、木兰、玉兰花、望春、应春花、玉堂春

科属： 木兰科木兰属

分布： 我国各大城市

形态特征

⊙ 落叶乔木植物。树高可达 15 米，树冠广卵形；树皮灰白色，平滑少裂，老时则呈深灰色，粗糙开裂；纸质叶互生，倒卵状椭圆形或宽倒卵形，长 10~18 厘米，叶面深绿色，叶背淡绿色；花单生于枝端，较大型，先于叶开放，有芳香；花白色，基部略带粉红色，花瓣长圆状倒卵形，长 6~10 厘米；聚合果多呈圆柱形，长 12~15 厘米；种子扁心形，宽约 9 毫米；花期 2~3 月，果期 8~9 月。

生长环境

⊙ 喜光，较耐寒，喜干燥忌低湿，宜生于排水良好的微酸性砂质土壤中。多生于海拔 500~1000 米的疏林中。

食用部位

⊙ 花朵。

食用方法

⊙ 新鲜的玉兰花可以洗净后蜜渍生食、做沙拉或泡茶，香味清雅。焯水后可以炒食、做汤或煮粥，也可以挂面汁油炸后用来煨汤。做各种面点糕饼时用玉兰点缀也可。

药用功效

⊙ 早春时未开放的玉兰花蕾可入药，具有祛风散寒、通气理肺的功效，可用于感冒头痛、鼻塞、鼻涕黄浊、急慢性鼻炎、血淤痛经等症。

纸质叶互生，倒卵状椭圆形或宽倒卵形

花单生于枝端，较大型，先于叶开放

聚合果多呈圆柱形，长 12~15 厘米

花白色，花瓣长圆状倒卵形

树高可达 15 米，树冠广卵形

含笑

别名：含笑美、含笑梅、山节子、白兰花、唐黄心树、香蕉花

科属：木兰科含笑属

分布：全国各地

形态特征

◆ 常绿灌木植物。植株高 2~3 米，树皮灰褐色，分枝多而密，树冠呈圆球形；单叶互生，厚革质，倒卵状椭圆形或长椭圆形，长 4~10 厘米，全缘，叶柄较短；花单生于叶腋，直立，有芳香；花冠淡黄色，边缘常略带红晕或紫晕，花瓣 6 枚，长椭圆形，肉质肥厚，长 12~20 毫米；聚合果长 2~3.5 厘米；膏葖近球形或卵圆形，顶端生有较尖的短喙；花期 3~5 月，果期 7~8 月。

生长环境

◆ 喜肥喜阴，不耐寒不耐旱，忌水涝，宜生于排水良好、疏松肥沃的微酸性壤土中。多生于阴坡杂木林内或溪谷沿岸。

食用部位

◆ 花朵。

食用方法

◆ 新鲜的含笑花去杂洗净，焯水后可以炒食或做汤，也可以蜜渍生食。含笑花还可以用来泡茶，芳香浓郁，而且有很好的保健作用。

药用功效

◆ 含笑花可入药，味芳香、涩，性平。具有凉血解毒、安神解郁、排毒养颜、提高代谢率以及抗氧化等功效，可以镇静身心、驱除疲劳、振奋精神、护肤美容、延缓衰老。

单叶互生，厚革质，倒卵状椭圆形或长椭圆形

花冠淡黄色，边缘常略带红晕或紫晕，花瓣 6 枚

凌霄

别名：五爪龙、红花倒水莲、倒挂金钟、上树龙、白狗肠、吊墙花

科属：紫葳科凌霄属

分布：我国华东、华中、华南地区

形态特征

◎ 落叶攀缘藤本植物。茎枯褐色，呈木质，具有气生根以攀附他物；奇数羽状复叶对生，有小叶7~9枚，卵状披针形或卵形，两侧稍不等大，叶缘具有粗齿，叶脉清晰；短圆锥花序疏散顶生，长15~20厘米；花冠圆筒状，大多内面鲜红色外面橘黄色，长约5厘米，先端具有半圆形裂片5枚，略翻卷；雄蕊着生于花冠筒的底部，花丝细长线形，花药多为黄色，个字形着生；蒴果顶端较钝；花期5~8月。

生长环境

◎ 喜阳光充足的环境，稍耐阴，耐寒耐旱耐瘠薄，忌积涝和湿热，适应性较强，易存活。

食用部位

◎ 鲜花。

食用方法

◎ 嫩花采摘后去掉花萼和有毒的花粉，洗净后开水焯烫，再换清水浸泡24小时，可以炒食或做汤。孕妇禁食。

药用功效

◎ 凌霄是一味传统的中药材，其花、根、茎、叶均可入药，具有活血化淤、凉血解毒的功效，可用于风湿痹痛、风疹发红、皮肤瘙痒、血热生风、跌打损伤、咽喉肿痛等症。

叶对生，奇数羽状复叶，有小叶7~9枚

短圆锥花序疏散顶生

花冠圆筒状，内面鲜红色外面橘黄色

忍冬

别名：金银花、金银藤、二色花藤、二宝藤、右转藤、子风藤

科属：忍冬科忍冬属

分布：我国大部分地区

形态特征

⊙ 多年生半常绿缠绕灌木植物。幼枝红褐色，中空细长；纸质叶对生，卵形或矩圆状卵形，长3~5厘米；枝叶均被密毛；总花梗常单生于小枝上部的叶腋，密被短柔毛；花冠初为白色，有时略带微红，渐变为黄色；唇形花的上唇3裂，下唇带状而反卷；浆果球形，熟时蓝黑色，有光泽；种子椭圆形或卵圆形，褐色，长约3毫米；花期4~6月，果期10~11月。

生长环境

⊙ 喜光，耐阴，也较耐寒耐旱，环境适应性很强。常生于海拔1500米以下的山坡灌丛或疏林中、山石缝隙、路旁等处。

食用部位

⊙ 嫩叶和花。

食用方法

⊙ 嫩叶和花焯水后用清水淘洗数次可以直接凉拌而食，也可以素炒或搭配其他食材热炒。花洗净晒干后可以泡茶饮用，能清火解毒。

药用功效

⊙ 花蕾即金银花，可入药，味甘性寒，具有消肿去毒、抗炎解热、补虚疗风的功效，对化脓性炎症、细菌性痢疾、咽喉肿痛、皮肤感染、丹毒、败血症等均有一定的疗效。

花冠初为白色或略带微红，渐变为黄色

纸质叶对生，卵形

唇形花的上唇3裂，下唇带状且反卷

接骨木

别名：公道老、扦扦活、马尿骚、大接骨丹

科属：忍冬科接骨木属

分布：我国东北、华北、华中、华东地区及甘肃、四川、云南等

形态特征

⊙ 落叶灌木或乔木植物。高 5~6 米，茎无棱，多分枝，老枝淡红褐色，无毛；奇数羽状复叶对生，有小叶 7~11 枚，卵圆形至长椭圆形，长 5~15 厘米，叶缘生有不规则锯齿，叶搓揉后有臭气；圆锥形聚伞花序顶生，有总花梗，花小而密；花冠白色或淡黄色，裂片 5 枚，长卵圆形或矩圆形，长约 2 毫米；果实通常红色，极少数呈蓝紫黑色，近圆形或卵圆形，直径 3~5 毫米；花期一般 4~5 月，果期 7~10 月。

生长环境

⊙ 喜光，稍耐阴，耐寒耐旱，忌水涝。多生于海拔 540~1600 米的山坡、荒地、灌丛、田边和路旁。

食用部位

⊙ 幼芽和嫩花。

食用方法

⊙ 幼芽或嫩花入沸水焯熟，以清水浸泡多时，捞起稍控干，可以凉拌、炒食、做汤、煮粥等。但嫩花不宜过多食用，否则易引起腹泻。

药用功效

⊙ 全株可入药，味甘、苦，性平，具有祛风利湿、活血散淤、接骨续筋的功效，可用于风湿痹痛、跌打骨折、水肿、痛风、急慢性肾炎等症的辅助治疗。

奇数羽状复叶对生，有小叶 7~11 枚

圆锥形聚伞花序顶生，小花多白色

果实通常红色，近圆形或卵圆形

迷迭香

别名：海洋之露、艾菊

科属：唇形科迷迭香属

分布：我国南方大部分地区和山东省

形态特征

○ 灌木植物。高可达 2 米，茎和老枝呈圆柱形，表皮灰褐色，常块状剥落；叶常丛生于枝上，近无柄，叶片线形，先端略钝，基部渐狭，长 1~2.5 厘米，革质，全缘；花对生，几乎无梗，少数于茎枝顶端聚集，组成总状花序；花萼卵状钟形，外被白毛；花较小，长不到 1 厘米，多为蓝紫色，外被短柔毛，花冠二唇形，上唇直伸，2 浅裂，裂片呈卵圆形，下唇较宽大，3 裂，中间的裂片最大；花期 11 月。

生长环境

○ 喜温暖气候，不耐寒，较耐旱，宜生于排水良好的砂质壤土中。

食用部位

○ 嫩茎叶。

食用方法

○ 新鲜叶片洗净捣碎后，用开水浸泡饮用，可以促进消化、缓解失眠心悸。迷迭香的叶子清甜中带有松木香的气味，异香浓郁，在西餐中常被用作香料。

药用功效

○ 迷迭香具有镇静安神、清心醒脑的作用，对心悸失眠、头晕头痛、消化不良和胃痛等症有一定的疗效。外用可以治疗外伤和关节炎。

叶常丛生于枝上，近无柄，叶片线形

小花蓝紫色，花冠二唇形

百里香

别名： 地椒、地花椒、山椒、山胡椒、麝香草

科属： 唇形科百里香属

分布： 甘肃、陕西、青海、山西、内蒙古等

形态特征

⊙ 半灌木植物。茎多数，丛生，伏地或上升，绿色常带紫红色；小叶呈卵圆形，较厚，长4~10毫米，先端钝或稍尖，基部渐狭，两面均无毛；头状花序，花梗较短；花萼呈细长的钟形，长约5毫米；花冠淡红色、紫红色、紫色或淡紫色，疏被短柔毛，冠檐二唇形，上唇倒卵形，稍短，下唇3裂；小坚果近球形或卵球形，稍压扁，光滑无毛；花期7~8月。

生长环境

⊙ 喜光照充足、温暖干燥的环境，对土壤要求不严，常生于海拔1100~3600米的多石山地、向阳斜坡、沟谷边、路埂或草丛中。

食用部位

⊙ 嫩叶和嫩花序。

食用方法

⊙ 百里香具有特殊的芳香，是一种天然的调味料，可以用来烹调海鲜、肉类、鱼类等食品，能去腥提味。制作腌菜和泡菜时也可以放入少许花叶，能使味道更加丰富。

药用功效

⊙ 全草可入药，味甘性平，具有祛风镇痛、温中散寒、健脾消食、止咳化痰等功效，适用于风湿痹痛、胃寒痛、积食不化、久咳不止、咽痛痰多等症。

头状花序，花冠淡红色、紫红色或淡紫色，冠檐二唇形

小叶呈卵圆形，较厚，长4~10毫米

映山红

别名：杜鹃、红杜鹃、满山红、清明花、山石榴、锦绣杜鹃

科属：杜鹃花科杜鹃花属

分布：江苏、浙江、江西、福建、湖北、湖南、广东和广西等

形态特征

● 半常绿灌木植物。植株高1.5~2.5米；茎枝开展，分枝较多，表皮淡灰褐色，被有短伏毛；叶片薄革质，椭圆状长圆形，长2~7厘米，常集生于枝顶，叶缘具有细齿，叶柄长3~6毫米；伞形花序簇生于枝端，具有花1~5朵；花冠阔漏斗形，直径约6厘米，玫瑰紫色，阔卵形裂片5枚，其中1~3枚具有深红色斑点；蒴果近球形，被有刚毛，长8~10毫米；花期4~5月，果期9~10月。

生长环境

● 喜阳光充足且凉爽湿润的环境，属于半阴性植物，耐寒怕热忌暴晒，耐瘠薄忌水涝。宜生于疏松肥沃、排水良好的偏酸性砂质壤土中。

食用部位

● 鲜花。

食用方法

● 映山红的鲜花可食。花瓣洗净焯水后可以凉拌或煮汤，色鲜艳，味酸甜；也可以拌面粉蒸食或做成各种风味小食、糕饼；还可以搭配玫瑰花、枸杞等泡花茶饮用，能调理气色、美容养颜。

药用功效

● 全株可入药，具有行气活血、益气补虚的功效，可用于辅助治疗内伤咳嗽、肾气不足、月经不调、风湿骨痛等症。

伞形花序簇生于枝端，具有花1~5朵

花冠阔漏斗形，玫瑰紫色，阔卵形裂片5枚

木棉

别名： 红棉、英雄树、攀枝花、斑芝棉、斑芝树、攀枝

科属： 木棉科木棉属

分布： 云南、四川、贵州、广西、江西、广东、福建、台湾等

形态特征

⊙ 落叶大乔木植物。高可达 25 米，树皮灰白色，幼树树干多密布锥刺，分枝平展；掌状复叶，具有小叶 5~7 片，长圆状披针形或长圆形，长 10~16 厘米，全缘，无毛，网脉极细密；花单生或数朵簇生于枝端，通常先于叶开放，红色或橙红色，直径约 10 厘米；肉质花瓣 5 枚，长圆状倒卵形，长 8~10 厘米；蒴果长圆形，长 10~15 厘米，密被灰白色柔毛；种子多数，呈倒卵形，较光滑；花期 3~4 月，果夏季成熟。

生长环境

⊙ 喜阳光充足的环境，耐旱不耐寒，稍耐湿，忌积水。宜生于排水良好的中性或微酸性砂质土壤中。

食用部位

⊙ 花朵。

食用方法

⊙ 新鲜木棉花去掉雄蕊洗净，可以炒食、做汤或煮粥，色鲜艳，味芬芳；也可以将花瓣洗净晾干储存，用来泡茶。

药用功效

⊙ 花可入药，能清热利湿、除烦解暑，暑天可做凉茶饮用；根可以散淤止痛；树皮也可以入药，能祛风除湿、活血消肿，可用于风湿痹痛、跌打损伤等症。

花单生或数朵簇生于枝端，通常先于叶开放

花红色或橙红色，肉质花瓣 5 枚，长圆状倒卵形

栀子

别名：黄果子、山黄枝、黄栀、山栀子、水栀子、越桃、木丹、山黄栀

科属：茜草科栀子属

分布：江西、河南、湖北、浙江、福建、四川等

形态特征

○ 常绿灌木植物。高 0.3~3 米，幼枝呈圆柱形，灰色，常被短毛；革质叶对生或三叶轮生，多长圆状披针形，长 3~25 厘米，顶端和基部皆尖，叶面光滑无毛，全缘；花常单生于枝端，花梗长 3~5 毫米，有芳香；花冠多乳黄色或白色，旋卷如高脚杯状，冠管细圆筒形，长 3~5 厘米，裂片多为 6 枚，倒卵状长圆形，长 1.5~4 厘米；果卵形或椭圆形，熟时橙红色或黄色，具有翅状纵棱；花期 3~7 月，果期 5 月至次年 2 月。

生长环境

○ 喜温暖湿润的环境，喜光但不耐暴晒。常生于海拔 10~1500 米的荒野、林下、灌丛、丘陵或山谷。

食用部位

○ 鲜花。

食用方法

○ 鲜花去杂洗净晾干，可以做凉拌栀子花，清香鲜嫩；也可以搭配其他食材炒食，如栀子花炒小竹笋、栀子花炒鸡蛋等；还可以用来做汤、炖菜或挂面汁油炸；糖渍或蜜渍做成甜味的零食也不错。

药用功效

○ 果实可以入药，具有清热除烦、泻火利尿、凉血解毒的功效，适用于伤寒发汗、虚烦不眠、湿热黄疸、目赤咽痛、胃脘火痛、扭伤肿痛等症。

革质叶对生或三叶轮生，多长圆状披针形

花冠多乳黄色或白色，旋卷如高脚杯状

朱槿

别名： 扶桑、赤槿、佛桑、红木槿、桑槿、大红花、状元红

科属： 锦葵科木槿属

分布： 福建、台湾、广东、广西、云南、四川等

形态特征

⊙ 常绿灌木植物。植株高约 1~3 米；小枝疏被柔毛，呈圆柱形；单叶互生，宽卵形或狭卵形，长 4~9 厘米，叶缘具有粗齿或缺刻；花单生于上部叶腋间，常俯垂，花梗较长；花冠呈漏斗形，直径 6~10 厘米，花柱较长，伸出花冠；花瓣 5 枚或重瓣，呈倒卵形，先端圆且具有波状纹，花色丰富多变，多大红色、淡红色或淡黄色；蒴果平滑无毛，卵形，长约 2.5 厘米；花期全年。

生长环境

⊙ 朱槿属于强阳性植物，喜阳光充足、温暖湿润的气候，不耐阴不耐寒，对土壤适应范围比较广，最宜生于排水良好的微酸性土壤中。

食用部位

⊙ 嫩叶和花。

食用方法

⊙ 嫩叶和花焯水后用冷水淘洗数次，捞起沥干，可以凉拌而食，也可以热炒或做汤、煮粥等，还可以制成腌菜。在欧美国家，人们多以其嫩叶作为菠菜的代替品。

药用功效

⊙ 根、叶、花均可入药，具有清热利水、解毒消肿、清肺化痰的功效，适用于尿路感染、咳喘多痰、急性结膜炎、月经不调等症。

单叶互生，叶片宽卵形或狭卵形

花单生于叶腋，常俯垂，花色丰富

花冠漏斗形，花柱较长

木槿

别名：木棉、荆条、朝开暮落花、喇叭花

科属：锦葵科木槿属

分布：我国大部分地区

形态特征

⊙ 落叶灌木植物。植株高 3~4 米，小枝细长，密被黄色绒毛；叶片三角状卵形或菱形，长 3~11 厘米，3 裂或不裂，叶缘具有不规则锯齿；花单生于叶腋，花梗长 4~14 毫米，被有短柔毛；花萼钟形，有三角形裂片 5 枚；花冠漏斗形，有淡粉色、淡紫色、紫红色、纯白色等，花瓣 5 片或重瓣，呈倒卵形，基部颜色较深，先端波纹状，长 3.5~4.5 厘米；蒴果呈卵球形，直径约 1 厘米，密被黄色柔毛；种子多为肾形，成熟时黑褐色；花期 7~10 月。

生长环境

⊙ 喜温暖潮湿、光照充足的环境，耐热耐寒，较耐旱耐贫瘠，环境适应性很强。

食用部位

⊙ 嫩叶和花。

食用方法

⊙ 嫩叶焯水后冷水淘洗数次，以调料凉拌生食，也可以大火素炒或做包子饺子馅。木槿花可以凉拌、炒食或做汤、煮粥，还可以榨汁制成饮品，有很好的保健作用。

药用功效

⊙ 花、果、根、叶和皮均可入药。木槿花内服可治反胃、痢疾等，外敷可治痈疮疖肿；根、叶煮水饮用可以缓解气管炎的不适症状；果实入药，能辅助治疗痰喘咳嗽、神经性头痛等症。

花单生于叶腋，花梗较长

花冠漏斗形，有淡粉色、淡紫色、紫红色、纯白色等

花瓣 5 片或重瓣，呈倒卵形，基部颜色较深　　　　　　　　重瓣木槿花

叶片三角状卵形或菱形，3 裂或不裂

木芙蓉

别名：芙蓉花、拒霜花、木莲、地芙蓉、华木

科属：锦葵科木槿属

分布：全国各地

形态特征

➔ 落叶灌木或小乔木植物。高 2~5 米，枝条被有星状短柔毛；掌状叶较大，单叶互生，长 10~15 厘米，多 5~7 裂，裂片三角形，主脉 7~11 条；花单生或簇生于枝端叶腋间，花梗长约 5~8 厘米，近端具有节；花较大，直径约 8 厘米，初开时白色或淡红色，后变深红色，花瓣近圆形，直径 4~5 厘米，纹脉明显凸起；蒴果被毛淡黄色，呈扁球形，直径约 2.5 厘米；花果期 7~10 月。

生长环境

➔ 喜光照充足、温暖湿润的环境，稍耐阴不耐寒，耐水湿，忌干旱。对土壤要求不高，瘠薄土地亦可生长。

食用部位

➔ 花朵。

食用方法

➔ 新鲜花朵去杂洗净，花瓣可以用来烧汤、做羹或煮粥，也可以与其他荤素食材同炒，还可以拖面汁油炸，炸后再与软骨煨汤等。

药用功效

➔ 花叶皆可入药，具有清热凉血、消炎止血、消肿排脓的功效。内服适用于虚痨咳嗽、经血不止等症，外敷适用于痈肿疮疖、烧伤烫伤、毒虫咬伤、跌打损伤等症。

掌状叶较大，单叶互生，多 5~7 裂

花单生或簇生于枝端叶腋间

小枝密被星状毛与直毛相混的细绵毛

花单生或簇生于枝端叶腋

蒴果扁球形，被有淡黄色刚毛和绵毛，果爿5片

蜡梅

别名： 金梅、腊梅、蜡花、黄梅花

科属： 蜡梅科蜡梅属

分布： 山东、江苏、安徽、浙江、福建、陕西、四川、云南等

形态特征

⊙ 落叶灌木植物。常丛生，植株高可达 4 米；幼枝呈四棱形，老枝近似圆柱形，树皮灰褐色；叶片纸质或薄革质，多卵状椭圆形或长圆状披针形，长 5~25 厘米；花黄色，着生于二年生枝条的叶腋内，先开花后长叶；花较小，色如蜜蜡，香味浓郁，多下垂，花瓣内外 2 轮，内轮花被片比外轮短，基部有爪；果托略木质化，呈倒卵状椭圆形，直径 1~2.5 厘米，口部稍收拢；花期 11 月至次年 3 月，果期 4~11 月。

生长环境

⊙ 喜光，较耐阴，耐寒耐旱，忌渍水，故不宜在低洼地生长。

食用部位

⊙ 花朵。

食用方法

⊙ 新鲜蜡梅花去杂洗净后可以同其他食材一起煮汤，荤素皆宜，如蜡梅豆腐汤、蜡梅鱼片汤等；也可以在制作糕点时用蜡梅花做点缀，既好看又好吃。蜡梅花风干后可以制成花茶饮用，生津止渴。

药用功效

⊙ 蜡梅花味微甘、辛，性凉，具有解暑生津、开胃散郁、顺气止咳的功效，适用于暑热心烦、头晕呕吐、肝胃气痛、久咳不愈等症。民间常用蜡梅花煎水给婴儿饮服，可以清热解毒。

老枝近似圆柱形，树皮灰褐色

幼枝呈四棱形

花较小，色如蜜蜡，多下垂

花瓣内外 2 轮，内轮花被片比外轮短

果托近木质化，坛状或倒卵状椭圆形

连翘

别名：黄花条、连壳、青翘、落翘、黄奇丹

科属：木犀科连翘属

分布：我国南北各地

形态特征

◆ 落叶灌木植物。植株高约 3 米，枝条开展或拱形下垂，常着地生根，小枝近四棱形，中空；叶通常为单叶或 3 枚小叶，叶片卵形、椭圆状卵形或宽卵形，叶缘具有不整齐锯齿，长 2~10 厘米；花单生或数朵腋生，先开花后长叶；花冠金黄色，基部细管状，上部 4 裂，裂片多倒卵状长圆形，长 1.2~2 厘米；蒴果长卵形而略扁，长 1.2~2.5 厘米，先端有短喙，成熟时 2 瓣裂；花期 3~4 月，果期 7~9 月。

生长环境

◆ 多生于海拔 250~2200 米的山坡灌丛、山谷、山沟疏林或草丛中。

食用部位

◆ 嫩茎叶

食用方法

◆ 嫩茎叶洗净焯水后用清水浸泡 24 小时，捞起沥干水分，油盐凉拌可食；也可以大火素炒或搭配其他食材荤炒；还可以用来做汤，也很美味。

药用功效

◆ 连翘味苦性凉，具有清热解毒、散结消肿的功效，可用于风热感冒、高热烦渴、温病初起、咽喉肿痛、痈疮肿毒、小便淋闭等症。

植株高约 3 米，枝条开展或拱形下垂

花单生或数朵腋生

叶通常为单叶或 3 枚小叶

迎春花

别名：小黄花、金腰带、黄梅、清明花

科属：木犀科素馨属

分布：全国各地

形态特征

⊙ 落叶灌木植物。丛生，植株高 30~100 厘米；小枝四棱状，直立或下垂，呈纷披状，老枝灰褐色；三出复叶对生，小叶矩圆形或卵形，先端狭而突尖，全缘；花单生，高脚碟状，着生于去年生小枝的叶腋，先于叶开放；花冠黄色，花冠管长 0.8~2 厘米，基部狭窄，向上渐阔，裂片 5~6 枚，椭圆形或长圆形，长 0.8~1.3 厘米；很少结果；花期 2~4 月。

生长环境

⊙ 喜光，稍耐阴，略耐寒，忌涝，宜生于疏松肥沃、排水良好的酸性沙质土壤中。多生于海拔 800~2000 米的山坡灌丛中。

食用部位

⊙ 花朵。

食用方法

⊙ 新鲜花朵去杂洗净，花瓣可以用来炒食、做汤或煮粥，还可以拌面粉蒸食或制作其他面点。花瓣晾干存放，可以用来泡茶，能清热下火。

药用功效

⊙ 花和叶均可入药，味苦、涩，性平。具有活血解毒、消肿止痛、解热利尿的功效，适用于肿毒恶疮、外伤出血、发热头痛、小便涩痛等症。

多丛生，小枝直立或下垂，呈纷披状

黄色花单生，裂片 5~6 枚，长圆形或椭圆形

枸杞

别名：甜菜子、狗奶子、西枸杞、地骨子、血枸子

科属：茄科枸杞属

分布：我国大部分地区

形态特征

⊃ 多分枝灌木植物。植株高 1~2 米，枝条淡灰色，细弱俯垂，具有纵纹，生有棘刺；纸质单叶互生或 2~4 枚簇生，卵状披针形或长椭圆形，长 1.5~5厘米，全缘，两面均被毛；花单生于叶腋或数朵簇生；花冠淡紫色，呈漏斗状，长 9~12 毫米，筒部向上骤然扩大，檐部 5 深裂，裂片卵形；浆果熟时红色，卵状或长椭圆状，顶端稍钝或尖，长 7~15 毫米；种子黄色，肾形稍扁，长 2.5~3毫米；花果期 6~11 月。

生长环境

⊃ 喜光照充足的冷凉气候，耐寒耐旱，对土壤要求不严，生长势强。

食用部位

⊃ 嫩叶和果实。

食用方法

⊃ 嫩叶即所谓的"枸杞芽菜"，洗净焯水后可以凉拌或煮水，也可以炒食或做汤。果实成熟后可以洗净生食，但不宜过量。晒干后可以用来泡茶、炖汤或煮粥，有养肝明目之效。

药用功效

⊃ 果实和叶均可入药。果实即"枸杞子"，味甘性平，能养肝滋肾、清肺降火，可以用于缓解肺热咳嗽、腰痛腿痛等症；枸杞叶可以补虚益精、清热明目。

纸质单叶互生或簇生，卵状披针形或长椭圆形

花冠淡紫色，呈漏斗状，5 深裂

浆果熟时红色，卵状或长椭圆状

玫瑰

别名：徘徊花、刺客、穿心玫瑰

科属：蔷薇科蔷薇属

分布：全国各地

形态特征

● 直立灌木植物。植株高可达 2 米；茎丛生，较粗壮，小枝密被针刺；奇数羽状复叶互生，小叶 5~9 片，椭圆状倒卵形或椭圆形，长 1.5~4.5 厘米，叶缘具有锐齿，叶脉清晰；花单生于叶腋或数朵簇生，直径 4~5.5 厘米，花梗密被柔毛；花冠白色至紫红色，花瓣倒卵形，重瓣至半重瓣，有芳香；肉质蔷薇果扁球形，直径 2~2.5 厘米，熟时红色，内有多数小瘦果，萼片宿存；花期 5~6 月，果期 8~9 月。

生长环境

● 喜阳光充足的环境，耐寒耐旱，宜生于排水良好、疏松肥沃的壤土或轻壤土中。

食用部位

● 鲜花。

食用方法

● 玫瑰花含有多种微量元素，维生素 C 的含量最高。新鲜花瓣洗净晾干，可以直接生食，也可以用于制作各种甜点或饮品，如玫瑰糖、玫瑰糕、玫瑰茶、玫瑰酒等。

药用功效

● 玫瑰初开的花朵及根均可入药，具有疏肝解郁、调理气血、收敛等功效，可以缓解腹中冷痛、月经不调、肝气胃痛、乳痈肿痛、内分泌紊乱等症状。

奇数羽状复叶互生，小叶 5~9 片，椭圆状倒卵形

玫瑰的花苞

花冠白色至紫红色，花瓣倒卵形

野蔷薇

别名： 白残花、刺蘼、墙蘼、买笑、多花蔷薇

科属： 蔷薇科蔷薇属

分布： 我国黄河流域以南各省份

形态特征

➥ 攀缘灌木植物。高 1~2 米；枝细长圆柱形，上升或蔓生，无毛有皮刺；奇数羽状复叶，小叶 5~9 枚，倒卵状圆形或长圆形，长 1.5~5 厘米，先端圆钝或急尖，基部楔形或近圆形，叶缘具有锐齿，被有柔毛；多花排成圆锥状伞房花序，花多为白色，也有粉红色、深桃红色或黄色，直径 1.5~2 厘米，花瓣宽倒卵形，顶端稍缺；果近球形，直径 6~8 毫米，熟时红褐色，无毛有光泽；花期 4~5 月，果熟期 9~10 月。

生长环境

➥ 喜光，耐寒耐瘠薄，忌低洼积水，适应性强。多生于平原或丘陵地带的田边、路旁或灌木丛中。

食用部位

➥ 嫩芽。

食用方法

➥ 采集嫩芽后开水焯烫，再以清水多次淘洗，捞起沥干后可以加油盐凉拌，也可以煮汤、做馅、拌面粉蒸食等。

药用功效

➥ 花、果、根都可供药用。果实名为"营实"，味酸性温，无毒，具有泻下作用，可以利尿、通经、治水肿；花为芳香理气药，可以清暑解渴、顺气和胃；根味苦、涩，性寒，无毒，能通络活血。

枝细长圆柱形，上升或蔓生，无毛有皮刺

奇数羽状复叶，小叶 5~9 枚，倒卵状圆形或长圆形

粉红色的野蔷薇

花多为白色，花瓣宽倒卵形

多花排成圆锥状伞房花序

结香

别名：打结花、梦冬花、喜花

科属：瑞香科结香属

分布：河南、陕西及长江流域以南各省份

形态特征

● 落叶灌木植物。高可达 2 米，全株被毛，幼时更密；枝条棕褐色，常作三叉分枝，有皮孔；纸质单叶通常簇生于枝端，长圆形或椭圆状披针形，长 8~16 厘米，于花前脱落；头状花序顶生或侧生，多花密集呈绒球状；花黄色，外面密被白毛，内面无毛，花瓣 4 枚，卵形，长约 3.5 毫米；核果绿色，卵形，长约 8 毫米，果皮革质；花期 3~4 月，果期 8 月。

生长环境

● 喜温和凉爽的半湿润气候，宜生于排水良好的壤土中。多见于海拔 500 米以上的山坡、山谷、林下及灌丛中。

食用部位

● 花朵。

食用方法

● 结香花去杂洗净，花瓣可以用来泡茶，酌量添加蜂蜜或红糖，味道更佳。

药用功效

● 根可以入药，味淡性平，能舒筋活络、消炎止痛，可用于跌打损伤、风湿骨痛等症。结香花入药可以养阴安神、明目祛翳，多用于目赤疼痛、多泪、翳障、夜盲等症。

枝条棕褐色，常作三叉分枝，有皮孔

头状花序顶生或侧生，多花密集

小花黄色，花瓣 4 枚，外面密被白毛

刺五加

别名：刺拐棒、坎拐棒子、一百针、五加参、俄国参

科属：五加科五加属

分布：我国东北地区及河北、山西等

形态特征

⊙ 灌木植物。分枝较多，一二年生的枝条通常密生细长针刺，脱落后留下圆形的刺痕；通常有纸质小叶 5 枚，组成掌状复叶，顶端小叶最大，基部一对小叶最小，叶片矩圆形或椭圆状倒卵形，长 5~13 厘米；球状花序单个顶生，直径 2~4 厘米，多花密集；花较小，淡紫黄色，卵形花瓣 5 片；果实卵球形或球形，直径 7~8 毫米，熟时紫黑色；花期 6~7 月，果期 8~10 月。

生长环境

⊙ 喜温暖湿润的环境，稍耐阴，较耐寒，宜生于微酸性土壤中。多生于海拔 2000 米以下的山坡林中及路旁灌丛中。

食用部位

⊙ 嫩芽。

食用方法

⊙ 嫩芽是优质的山野菜，入沸水焯烫后换清水浸洗数次，捞起沥干，可以凉拌、热炒、做汤或煮粥，皆美味可口。

药用功效

⊙ 根皮可入药，具有补中益精、益气安神、强筋健骨的功效，可用于风湿痹痛、腰膝酸软、食欲不振、神经衰弱、失眠多梦等症。与人参有相似的药理作用和疗效。

掌状复叶具有 5 枚小叶，顶端小叶最大

球状花序单个顶生，多花密集

鸡蛋花

别名： 缅栀子、蛋黄花、印度素馨、大季花

科属： 夹竹桃科鸡蛋花属

分布： 广东、广西、云南、福建等

形态特征

➲ 落叶小乔木植物。高 5~6 米或更高，枝条粗壮无毛，肉质多汁；叶互生，厚纸质，多聚生于枝顶，矩椭圆形或矩圆状倒披针形，长 20~40 厘米，叶脉清晰；花数朵集成聚伞花序生于枝顶，长 16~25 厘米，花梗紫红色；花冠外面白色、粉红色或深红色，内面黄色或仅喉部黄色，裂片 5 枚，阔倒卵形，螺旋状辐散排列，长 3~4 厘米；蓇葖双生，绿色无毛，圆筒形；花期 5~10 月，果期 7~12 月。

生长环境

➲ 喜高温湿润、阳光充足的环境，稍耐阴，较耐旱，不耐寒，忌涝渍。宜生于肥沃通透的酸性沙质壤土中。

食用部位

➲ 花朵。

食用方法

➲ 新鲜的鸡蛋花洗净，可以炒食或做汤，也可以拌面粉蒸食。在广东省，人们常将白色的鸡蛋花晾干或焙干用来做凉茶饮料，能清热化痰、润肺止咳。

药用功效

➲ 夏秋季采摘盛开的鸡蛋花，经晾晒干后可以作为一味中药，具有清热利湿、润肺解暑的功效，多用于感冒发热、肺热咳嗽、湿热下痢、黄疸等症。

叶互生，厚纸质，叶脉清晰

花数朵集成聚伞花序生于枝顶

花瓣多白色，花心黄色

茶树

别名：苦茶、茗、茶芽、芽茶、细茶

科属：山茶科山茶属

分布：长江流域及其以南地区

形态特征

⊙ 灌木或小乔木植物。高 1~6 米，茎多分枝，嫩枝有细毛，老则脱落；单叶互生，薄革质，椭圆形或矩圆形，长 4~12 厘米，叶缘有锯齿，叶脉明显，叶柄长 3~8 毫米，无被毛；花单生于叶腋或数朵集成聚伞花序，花柄长 4~6 毫米；花冠白色，有芳香，花瓣 5~6 片，宽倒卵形，长 1~1.6 厘米；蒴果近球形而略扁，直径约 1.5 厘米，具有 3 棱；种子较小，呈棕褐色；花期 8~12 月，果期次年 10~11 月。

生长环境

⊙ 喜光照充足、温暖湿润的环境，宜生于排水良好的砂质壤土中。

食用部位

⊙ 叶片。

食用方法

⊙ 茶树的叶片可以随时采摘，洗净煮水饮用，可以清咽润嗓；也可以将茶叶焯水后，炒菜、煮粥或炖汤时放入少许，能提味。

药用功效

⊙ 茶叶以清明前后枝端初发嫩叶时所采的嫩芽为最佳，可以鲜用或焙干待用。茶叶入药能除烦止渴、清热化痰、利尿解毒、清肠利便。另外，茶树提取的精油有杀菌消炎、镇定情绪的作用。

我国南方的茶园

花冠白色，花瓣 5~6 片，宽倒卵形

单叶互生，薄革质，椭圆形或矩圆形

花椒

别名： 檓、大椒、秦椒、蜀椒

科属： 芸香科花椒属

分布： 除东北和新疆外，全国各地均有分布

形态特征

⊙ 落叶小乔木植物。高3~7米，树冠伞形；茎枝多刺，新生枝被有短柔毛；奇数羽状复叶，有小叶5~13片，对生，自下而上叶片渐大，多椭圆形或卵形，边缘具有细裂齿；花序顶生，花冠黄绿色，花被片6~8枚，形状及大小基本相同；果实紫红色，近球形，散生微凸的油点，顶端有一短尖；种子黑色有光泽，长3.5~4.5毫米；花期4~5月，果期8~9月或10月。

生长环境

⊙ 喜光照充足、温暖湿润的环境，耐干旱，较耐寒，忌水涝，抗病能力强。多生于海拔2500米左右的山坡地。

食用部位

⊙ 嫩叶和嫩果。

食用方法

⊙ 春季采摘嫩叶焯水后可以加油盐酱醋凉拌。秋末冬初采摘果实和晒干后的叶片一样，是常用的调味品，可除各种肉类的腥气，煎炸炖煮都能用。

药用功效

⊙ 花椒味辛性温，具有温中散寒、健胃消食、杀虫止痒的功效，可用于风湿痹痛、积食不化、脘腹冷痛、泄泻痢疾、蛔虫病等症。

奇数羽状复叶对生，多椭圆形或卵形

花序顶生，花冠黄绿色

果实紫红色，近球形

盐肤木

别名： 山梧桐、黄瓤树、欺树、五倍子树、五倍柴

科属： 漆树科盐肤木属

分布： 辽宁、吉林、湖北、湖南、广西、广东、安徽、浙江、福建等

形态特征

⊙ 落叶小乔木植物。高2~10米，树冠伞形；小枝多呈棕褐色，被有锈色柔毛；奇数羽状复叶，有纸质小叶3~6对，叶缘有粗齿，叶轴上生有叶状宽翅，小叶自下而上逐渐变大，几乎无柄，叶面暗绿色，叶背粉绿色；大型圆锥花序生于枝端，分枝开展，密生多数小白花；花瓣长圆状倒卵形，长约2毫米，开花时向外翻卷；核果球形，略扁，直径4~5毫米，成熟时红色；花期7~9月，果期10~11月。

生长环境

⊙ 喜光，环境适应性极强，对气候及土壤要求不严。

食用部位

⊙ 嫩茎叶和种子。

食用方法

⊙ 嫩茎叶洗净焯水去除酸味后，可作为野生蔬菜食用，可以凉拌、炒食、做汤等。成熟的种子味道微酸，可作调味料使用，煮汤时放入适量种子，能使汤味变酸。

药用功效

⊙ 根、叶、花及果实均可入药，具有清热降火、生津润肺、化湿消肿、敛汗涩肠的功效，可用于肺虚咳嗽、咽干多痰、风湿痹痛、水肿、盗汗、痢疾等症。

奇数羽状复叶，叶轴有叶状宽翅，小叶自下而上渐大

大型圆锥花序生于枝端，分枝开展，密生多数小白花

泡桐

别名： 白花泡桐、大果泡桐、空桐木、水桐、桐木树

科属： 玄参科泡桐属

分布： 我国大部分省份

形态特征

◐ 乔木植物。高可达 30 米，树冠圆锥形；树皮灰褐色，幼时平滑，老时纵裂；叶较大，单叶对生，长卵状心形，全缘或有浅裂，密被白色短绒毛，具有长柄；圆锥花序顶生，由多数聚伞花序复合而成；花萼钟状，黄褐色，较肥厚，5 深裂；花较大，淡紫色或白色，花冠管状漏斗形，外被星状微毛，内部密生紫色斑点；蒴果椭圆形或卵形，果皮木质，熟后开裂；种子小而轻，多数为长圆形，连翅长6~10 毫米；花期 3~4 月。

生长环境

◐ 喜光照充足的温暖气候，较耐阴，不耐寒。对黏重瘠薄土壤有较强的适应性。

食用部位

◐ 鲜花。

食用方法

◐ 鲜花除去花蕊洗净，入沸水焯烫后稍晾凉，可以加油盐凉拌，也可以做汤或拌面粉蒸食、挂面汁油炸等。

药用功效

◐ 根和果实可以入药，味苦性寒。根能祛风解毒、消肿止痛，可用于筋骨疼痛、疮疡肿毒等症；果实能化痰止咳，可以一定程度上缓解气管炎的不适症状。

叶较大，单叶对生，长卵状心形，密被白色短绒毛

多数聚伞花序组成顶生的圆锥花序

花冠管状漏斗形，淡紫色或白色

榆树

别名：家榆、榆钱、春榆、钻天榆、白榆

科属：榆科榆属

分布：我国东北、华北、西北及西南地区

形态特征

⊙ 落叶乔木植物。高可达 25 米，枝条开展，树冠呈圆形或卵圆形，幼枝灰褐色，表皮平滑，老树树皮暗灰色，具有不规则深纵裂；叶片多椭圆状披针形、卵状披针形或椭圆状卵形，长 2~8 厘米，叶缘生有整齐的锯齿；花较小，先于叶开放，簇生于去年生枝条的叶腋，紫褐色；翅果簇生于小枝上，近圆形，长 1.2~2 厘米，果核位于翅果中央，初淡绿色，后白黄色；花果期 3~6 月。

生长环境

⊙ 喜光照充足的环境，耐旱耐寒耐瘠薄，不择土壤，适应性强。多生于海拔 1000~2500 米的山坡、荒地、丘陵及沙砾地等。

食用部位

⊙ 翅果和嫩叶。

食用方法

⊙ 翅果即"榆钱"，可以洗净后直接生食，也可以拌面粉蒸熟做成"榆钱饭"，还可以调制成馅料做菜饼、菜窝窝头等。新长出的嫩叶焯水后可以凉拌或煮粥，极清鲜。

药用功效

⊙ 果实、树皮和叶片均可入药，能安神健脾、消肿利尿，可用于神经衰弱、心悸失眠、食欲不振、体虚浮肿等症。

叶片多椭圆状卵形，叶缘生有整齐的锯齿

老树树皮暗灰色，具有不规则深纵裂

翅果簇生，近圆形，中央有果核凸起

构树

别名： 构桃树、楮树、谷木、假杨梅

科属： 桑科构属

分布： 我国南北各地

形态特征

⊙ 乔木植物。高 10~20 米，树皮暗灰色，小枝密生柔毛；叶螺旋状排列，广卵形至长椭圆状卵形；托叶大，卵形，狭渐尖；花雌雄异株，雄花序为柔荑花序，苞片披针形，花被 4 裂，裂片三角状卵形；雌花序为球形头状花序，苞片棍棒状，花被管状，顶端与花柱紧贴，子房卵圆形，柱头线形，被毛；聚花果直径 1.5~3 厘米，成熟时橙红色，肉质；瘦果表面有小瘤，龙骨双层，外果皮壳质；花期 4~5 月，果期 6~7 月。

生长环境

⊙ 喜光，耐干旱，耐贫瘠，多生于石灰岩地，在酸性土壤和中性土壤中也能生长。

食用部位

⊙ 嫩芽和果实。

食用方法

⊙ 春季采摘嫩芽，洗净焯水，可以拌入面粉蒸食，也可以作为包子、饺子的馅料。果实成熟时采摘，洗净可以直接生食。

药用功效

⊙ 果实、根、皮、叶均可入药，具有清热利湿、凉血止血、祛瘀消肿等功效，可用于头晕目眩、虚劳、水肿、吐血、跌打损伤等症。

叶广卵形至长椭圆状卵形

聚花果肉质，成熟时橙红色

栾树

别名：栾华、木栾、乌拉、石栾树

科属：无患子科栾树属

分布：我国大部分省份

形态特征

⊙ 落叶乔木或灌木。树皮厚，灰褐色至灰黑色；叶丛生于当年生树枝上，平展，小叶对生或互生，纸质，卵形、阔卵形至卵状披针形；聚伞圆锥花序长 25~40 厘米，分枝长而舒展，在末次分枝上的聚伞花序具有花 3~6 朵；苞片狭披针形，萼裂片卵形；花淡黄色，花瓣 4 枚，开花时向外反折，线状长圆形，瓣片基部的鳞片初时为黄色，开花时为橙红色；蒴果圆锥形，具有 3 棱；种子近球形；花期 6~8 月，果期 9~10 月。

生长环境

⊙ 多生于海拔 1500 米以下的低山及平原地区，最高海拔可达 2600 米。

食用部位

⊙ 嫩芽叶。

食用方法

⊙ 早春采摘嫩芽叶，焯水后冲洗去其苦涩味，可以炒食、凉拌、做馅，还可以拌入面粉或鸡蛋液油炸。

药用功效

⊙ 栾树花可以入药，具有清肝明目的功效，可用于目赤肿痛、多泪等症的辅助治疗。

叶纸质，蒴果圆锥形，具有 3 棱

花淡黄色，花瓣 4 枚

第三章

菌类

　　菌类的结构很简单，没有根、茎、叶等器官，一般也不含叶绿素。在食用菌类中，主要以其胶质或肉质的子实体为食。菌类含有丰富的营养素，具有很高的食用和药用价值，需要注意的是，某些菌类有毒，不可食用，采摘时要谨慎。常见的菌类野菜有香菇、黑木耳、鸡油菌、松树菌等。

金耳

别名：金黄银耳、黄耳、脑耳、黄木耳、云南黄木耳

科属：银耳科银耳属

分布：四川、西藏、云南、福建等

形态特征

➔ 子实体散生或群生，为不规则形裂瓣状，裂瓣有深有浅、凹凸不平、扭曲肥厚，内部组织充实；鲜时表面水润平滑，胶质丰富，干后收缩，变坚硬；全体金黄色、橙色甚至橘红色；子实层着生于脑状凸起的表面。

生长环境

➔ 多生于栎树及其他阔叶树的腐木上。

食用部位

➔ 子实体。

食用方法

➔ 金耳含有丰富的脂肪、蛋白质和磷、硫等微量元素，是一味非常好的滋补食品。干燥的子实体温水泡发后去根蒂清洗干净，撕成小朵，可以凉拌或煮粥、煲汤、做甜品，如金耳百合羹、冰糖金耳炖鸽蛋等，口感软糯，有清心补脑的保健作用。

药用功效

➔ 金耳味甘，性温而带寒，具有祛痰止咳、定喘理气、平肝润肠、滋阴润燥等功效，可用于感冒久咳不止、肺热痰多、胸闷气喘、肝肾阴虚及高血压等症。

子实体金黄色，不规则形裂瓣状，表面水润平滑

子实体也有橘红色的

平菇

别名： 侧耳、糙皮侧耳、蚝菇、北风菌、秀珍菇

科属： 侧耳科侧耳属

分布： 全国各地

形态特征

◎ 子实体常丛生甚至叠生；菌盖直径 5~21 厘米，浅灰色、瓦灰色、灰白色、灰色、青灰色、深灰色等，盖缘较光滑圆整；菌肉白色，延生，在菌柄上交织；菌柄白色，较短，长 1~3 厘米，粗 1~2 厘米，基部多生绒毛，实心；菌盖和菌柄都比较柔软。

生长环境

◎ 平菇是木腐生菌类，春秋二季生于各种阔叶树的枯木或倒木上。

食用部位

◎ 子实体。

食用方法

◎ 平菇含有丰富的营养物质，如蛋白质、氨基酸、各种微量矿物质等，一般人均可食用。子实体去杂洗净，撕成条状备用。可以单炒，也可以与青菜搭配素炒或与肉类搭配荤炒，味道鲜美；还可以挂面汁油炸。

药用功效

◎ 平菇味甘性温，具有驱湿散寒、补虚抗癌、舒活筋骨的功效，可用于腰腿疼痛、手足麻木、筋络不通等症。此外，平菇对肝炎、慢性胃炎、胃及十二指肠溃疡、高血压等症也有一定的疗效。

子实体常丛生甚至叠生

菌盖灰白色至深灰色，盖缘较圆整

地星

别名： 地蜘蛛、米屎菰

科属： 地星科地星属

分布： 我国华北、西北地区及四川、云南、福建等

形态特征

◐ 子实体较小，初呈球形，后从顶端张开，呈星芒状；外包被 3 层，外层薄膜质，纤薄松软，中层纤维质，内层软骨质；成熟时开裂成 6 瓣或更多瓣，湿时外翻，干时内卷；外表面光滑，灰色至灰褐色，内侧肉质，淡褐色，多有不规则龟裂；内包被薄膜质，灰褐色，呈扁球形，直径 1.2~2.8 厘米，成熟后顶部有裂口；孢子球形，褐色，有小疣，孢丝无色。

生长环境

◐ 夏秋季生于林中地上。

食用部位

◐ 子实体。

食用方法

◐ 子实体幼时可以食用，去杂洗净，可以炒食、炖汤或煮肉。

药用功效

◐ 子实体和孢子可入药，味辛性平，具有清肺热、活血、消肿止血的功效，可用于辅助治疗支气管炎、肺炎、咽痛音哑、消化道出血等症。孢子粉外敷可治外伤出血。

子实体较小，初呈球形，后从顶端张开，呈星芒状

外包被成熟时多裂成 6 瓣

内包被扁球形，成熟后顶部有裂口

巨多孔菌

别名： 大奇果菌、亚灰树花

科属： 多孔菌科树花属

分布： 浙江、贵州、云南等

形态特征

● 子实体大型，散生或群生；菌盖密集呈覆瓦状排列，着生在分叉较多的菌柄顶端，直径可达 35 厘米；菌盖半肉质，宽 5~15 厘米，肾形或扇形，基部常下凹，灰褐色，干后变成近黑色，有辐射状皱纹，盖缘薄而锐，波状或瓣裂，浅黄色，干时向内翻卷；菌肉白色，厚 1~1.5 毫米；菌管白色或暗黄色，下延至菌柄，孔较大；菌柄多侧生，长 6~30 毫米，与菌肉同色；孢子光滑无色，呈广椭圆形，菌丝无横隔，不分枝。

生长环境

● 夏秋季生于栎树、桦树等阔叶树的腐木上或周围的空地上。

食用部位

● 幼嫩子实体。

食用方法

● 新鲜子实体有清香，去杂洗净，可以炒食、煲汤、炖肉等。

药用功效

● 巨多孔菌入药，能祛湿散寒、舒筋活络，可治腰腿疼痛、手足麻木等症。

子实体大型，散生或群生，菌盖密集呈覆瓦状排列

菌盖半肉质，扇形或肾形

香菇

别名： 花菇、香蕈、香信、厚菇、冬菇

科属： 光茸菌科香菇属

分布： 我国大部分省份

形态特征

⊙ 子实体单生、丛生或群生，中等至稍大型；菌盖表面浅褐色至深褐色，直径 5~12 厘米，幼时半球形，后略扁平；菌肉白色，厚实细密，有香味；老熟后盖缘略向内卷，盖顶开裂；菌褶白色，排列较密，不等长；菌柄白色或浅褐色，常偏生，弯曲，长 3~8 厘米；菌环以下有纤毛状鳞片，纤维质，内部实心；菌环白色，易消失；孢子椭圆形，光滑无色。

生长环境

⊙ 冬春季生于阔叶树倒木上，群生、散生或单生。

食用部位

⊙ 子实体。

食用方法

⊙ 子实体去杂洗净，可以单炒，也可以与青菜搭配素炒或与肉类搭配荤炒，如香菇炒青菜、香菇炒笋丁、香菇里脊等，口感肥厚滑腻，味道鲜美；也可以用来煲汤或炖肉，如香菇鸡汤、香菇炖猪脚等，味道香醇隽永；还可以制成干品，用时以温水泡发。

药用功效

⊙ 香菇味甘，性平，具有开胃健脾、益气助食的功效，主治久病气虚、食欲减退、少气乏力。另外，香菇对糖尿病、高血压、肺结核等症也有一定的疗效。

菌盖幼时半球形，后略扁平，浅褐色至深褐色　　　　老熟后盖缘略向内卷，盖顶开裂

草菇

别名： 兰花菇、苞脚菇、秆菇、麻菇

科属： 光柄菇科小包脚菇属

分布： 福建、台湾、湖南、广东、广西、四川、云南、西藏等

形态特征

◯ 菌盖直径 5~12 厘米，初时近钟形，后展开呈伞形，最后呈碟状，表面干燥，灰色至灰褐色，中部颜色较深，有放射状条纹，偶有凸起的鳞片；菌肉白色，松软，中部稍厚；菌褶白色，后变粉红色，多数不等长的片状菌褶辐射状排列，稍密；菌柄近似于圆柱形，长 3~8 厘米，粗 0.8~1.5 厘米，白色或微带黄色，光滑中实；苞状菌托较大，质厚，污白色至灰黑色。

生长环境

◯ 常生长在潮湿腐烂的稻草上。

食用部位

◯ 子实体。

食用方法

◯ 子实体肥大、肉厚、柄短，可以素炒，如草菇炒菜心、草菇盖浇花椰菜等；也可以搭配各种肉类荤炒，如草菇肉丁、草菇虾仁、草菇梅花肉等，口感爽滑，味道极美；还可以用草菇来炖汤，更具滋补之效。

药用功效

◯ 草菇味甘、微咸，性寒，无毒。具有清热解暑、补脾益气、护肝健胃、降压等功效，可用于暑热烦渴、体虚乏力、高血压等症。

菌盖初时近钟形，表面浅灰色

经常生于腐烂的稻草上

猴头菇

别名：猴头菌、猴头蘑、刺猬菌、猬菌、猴菇

科属：猴头菇科猴头菇属

分布：我国华北、东北、中南地区及四川、云南、甘肃、浙江等

形态特征

◆ 子实体呈块状，头形或扁半球形，直径5~15厘米，不分枝，肉质；子实体新鲜时呈白色，干燥时变成淡棕色或褐色；子实体基部较狭或略有短柄；菌刺密集下垂，覆盖整个子实体，肉刺细圆筒形，长1~5厘米，粗1~2毫米，子实层着生于细刺表面。

生长环境

◆ 猴头菇是一种木腐食用菌，喜低湿环境，多生长在阔叶树的树干断面或树洞中，悬挂于枯干或活树的枯死部分。

食用部位

◆ 子实体。

食用方法

◆ 猴头菇营养丰富，食法多样，可以炒食，如双椒炒猴头菇、宫保猴头菇等；也可以用来煲汤或炖肉，如猴头菇煲鸡脚、猴头菇炖排骨等；还可以制成干品贮存，用时泡发。

药用功效

◆ 干燥的猴头菇子实体可以入药，味甘性平，具有补脾益气、养胃和中、促进消化、滋补身体等功效，可用于食欲不振、积食不化、体虚乏力、气血不足等症。

子实体新鲜时呈白色

菌刺密集下垂，覆盖整个子实体

珊瑚状猴头菌

别名：玉髯

科属：猴头菌科猴头菌属

分布：吉林、四川、云南、西藏、黑龙江、内蒙古、陕西、新疆等

形态特征
◎ 子实体较大型，大者直径可达 30 厘米，高可达 50 厘米，新鲜时纯白色，干燥后变褐色；基部生出数条主枝，每条主枝又生出细密柔软的长刺，刺肉质，柔软下垂，长 0.5~1.5 厘米，顶端较尖锐；孢子生于小刺周围，光滑无色，近球形或椭圆形。

生长环境
◎ 夏秋季生于云杉、冷杉等树木的倒腐木、枯木桩或树洞内。

食用部位
◎ 子实体。

食用方法
◎ 可食用，其菌丝体氨基酸含量丰富，共计 18 种，其中有 8 种是人体必需的氨基酸。多用来炖汤或煮肉，味道鲜美，营养价值较高，可以滋补身体、强筋健骨。

药用功效
◎ 子实体可药用，能促进消化、滋补强身，可用于辅助治疗胃溃疡、神经衰弱、身体虚弱等症。

子实体较大型，新鲜时纯白色

长在枯树洞内的珊瑚状猴头菌

青头菌

别名：变绿红菇、青冈菌、绿豆菌

科属：红菇科红菇属

分布：云南

形态特征

◉ 子实体中等至稍大，菌盖宽3~10厘米；菌盖初扁半球形，后伸展，成熟后中部常稍下凹，没有粘液，浅绿色至灰绿色，表皮多斑状龟裂，质地坚固，老时盖缘有放射状条纹；菌肉白色，味道比较柔和；菌褶白色，较细密，近直生或离生，有横脉；菌柄白色，长2~10厘米，粗0.5~2厘米，内部实心或较松软。

生长环境

◉ 夏秋季雨后多生于松树、针叶林、阔叶林或混交林地。

食用部位

◉ 子实体。

食用方法

◉ 青头菌是营养价值较高的食用真菌，含有丰富的蛋白质、氨基酸和植物纤维，可以炒食、煲汤或炖肉，入口肥滑细嫩，香味悠长，也可以挂面汁油炸后备食。

药用功效

◉ 青头菌入药，味甘甜而微酸，无毒，可以清肝明目、理气解郁，对气滞不畅、烦躁忧愁、抑郁不乐、痴呆等症有较好的缓解作用。

菌盖初扁半球形

成熟后菌盖中部常稍下凹

浅绿色至灰绿色，表皮多斑状龟裂

鸡油菌

别名： 鸡油蘑、鸡蛋黄菌、杏菌、黄丝菌

科属： 鸡油菌科鸡油菌属

分布： 福建、湖北、湖南、广东、四川、贵州、云南等

形态特征

⊙ 子实体肉质，近喇叭形，杏黄色至蛋黄色；菌盖直径 3~9 厘米，最初扁平，后下凹，边缘波状，常裂开内卷；菌肉蛋黄色，香气浓郁，似杏仁味，质地柔韧有弹性；菌柄光滑，内部实心，高 2~6 厘米，直径 0.5~1.8 厘米。

生长环境

⊙ 夏秋季常生于北温带的深林内。

食用部位

⊙ 子实体。

食用方法

⊙ 鸡油菌含有丰富的胡萝卜素、维生素 C 及蛋白质等营养物质，是一种美味的可食用真菌。可以炒食，如素烧鸡油菌、鸡油菌炒猪肝等，也可以用来煲汤或炖肉，香气浓郁，口感滑嫩。

药用功效

⊙ 鸡油菌味甘性寒，具有利肺明目、益肠健胃、提神补气、滋阴养血的功效，经常食用可以改善缺乏维生素 A 所引起的皮肤粗糙干燥、夜盲、视力下降、结膜炎等症。另外，鸡油菌对癌细胞的增长和扩散有一定的抑制作用。

子实体肉质，近喇叭形，杏黄色至蛋黄色

成熟后菌盖下凹，边缘波状，常裂开内卷

灵芝

别名： 赤芝、红芝、丹芝、瑞草、木灵芝、菌灵芝、万年蕈、灵芝草

科属： 多孔菌科灵芝属

分布： 安徽、贵州、河南、江西、黑龙江、湖南、福建、广东等

形态特征

➲ 子实体伞状，多丛生，高低错落，大小及形态变化很大；菌盖质地坚硬，肾形、半圆形或近圆形，直径 10~18 厘米，厚 1~2 厘米，表面黄褐色或红褐色，菌盖边缘薄而平截，一般稍向内卷；菌肉淡白色或浅褐色，接近菌管处常呈褐色或近褐色；菌柄较长，圆柱形，侧生，极少偏生，长 7~15 厘米，黑色或紫褐色，有漆样光泽，质地坚硬；孢子呈卵圆形，内壁表面生有小凸起，褐色，外壁光滑，透明无色。

生长环境

➲ 夏秋季生于栲树、槭树、梅等阔叶树的树桩、埋木上。

食用部位

➲ 子实体。

食用方法

➲ 灵芝营养丰富，日常多用来炖汤、煮肉、煮粥或泡酒，有滋补调理身体的食疗效果。

药用功效

➲ 灵芝味甘性平，具有健脾安神、补肺益气、止咳平喘的功效，可以有效改善惊悸失眠、体倦神疲、气血不足、痰多气喘等症。

子实体伞状，多丛生，高低错落

菌盖多肾形、半圆形，黄褐色或红褐色

网纹马勃

别名：网纹灰包

科属：马勃菌科马勃属

分布：全国各地

形态特征

⊙ 子实体单生或群生，一般较小，近球形、倒卵形或陀螺形，高3~8厘米，宽2~6厘米，初白色，后变灰黄色至黄色；外包被密布小疣状凸起，间有较大易脱的刺，刺脱落后留有斑点；菌柄较粗壮；孢子淡黄色，球形，生有小疣状凸起。

生长环境

⊙ 夏秋季林中地上单生或群生，有时也生于腐木上。

食用部位

⊙ 幼嫩子实体。

食用方法

⊙ 夏秋季采摘网纹马勃幼嫩的子实体，去杂洗净，可以单炒，也可以搭配其他食材炒食，如蔬菜、猪肉等，还可以用来煲汤或炖肉，脆嫩爽滑，味道鲜美。

药用功效

⊙ 子实体可以入药，老熟后，其孢子粉具有消肿止血、清热解毒的功效。

群生于林中空地上

外包被密布小疣状凸起

子实体一般较小，近球形或倒卵形

松树菌

别名：松毛菌、铆钉菇、松针菇

科属：铆钉菇科铆钉菇属

分布：广西、广东、吉林、辽宁、湖南、江西、云南、四川、西藏等

形态特征

◉ 子实体较小，菌盖初为半球形或近平展，后期有时中部微下凹，直径 2~6 厘米，多珊瑚红色或玫瑰红色，偶有蓝绿色、铜紫色；菌肉白色，后期略带粉色，味道比较温和；菌褶较稀疏，延生，稍厚且宽，靠近菌柄处有分叉，污白色至灰褐色；菌柄近圆柱形，基部稍细，长 3~5 厘米，白色至粉灰白色，内部实心；菌环生于菌柄上部，似棉毛状；孢子光滑，近纺锤形。

生长环境

◉ 夏秋季在针叶树等混交林地上群生或散生。

食用部位

◉ 子实体。

食用方法

◉ 鲜采的松树菌里多有小虫，需先撕去表层膜衣洗干净后用盐水浸泡三四个小时，然后才能烹食。可以清炖或爆炒，如松树菌炖鸡、松树菌炒腊肉等，肉质肥厚，口感滑嫩，味道鲜美。

药用功效

◉ 松树菌可入药，具有强身健体、消炎止痛、补脾健胃、理气化痰等功效。

菌盖初为半球形或近平展

菌盖后期有时中部微下凹

菌盖多为珊瑚红色或玫瑰红色

鸡腿菇

别名： 鸡腿蘑、刺毛菇、毛头鬼伞

科属： 蘑菇科鬼伞属

分布： 黑龙江、吉林、河北、河南、山东、山西、内蒙古等

形态特征

● 子实体为中大型，高7~20厘米，群生；未开伞前菌盖圆柱形，直径3~5厘米，开伞后钟形，直径可达20厘米；菌盖幼时较光滑，后生有平伏的鳞片或表面有裂纹；幼嫩子实体的菌盖、菌肉、菌褶、菌柄皆白色，菌柄光滑，圆柱形，粗1~2.5厘米，上有菌环。

生长环境

● 春季至秋季的雨后在田野、林缘、道旁、公园内群生。

食用部位

● 开伞前的子实体。

食用方法

● 鸡腿菇洁白美观，肉质细腻，可以单炒，也可以与青菜搭配素炒或与肉类搭配荤炒，前者如鸡腿菇炒莴笋，后者如鸡腿菇炒肉片、鸡腿菇炒鱿鱼，均口感滑嫩，清香味美。用鸡腿菇来炖肉或煲汤也极美味。但鸡腿菇含有苯酚等胃肠道刺激物，不可以与酒类同食，否则易中毒。

药用功效

● 干品可以入药，味甘性平，具有益脾健胃、清神益智、治痔疮等功效，经常食用有促进消化、增加食欲并缓解痔疮的作用。

子实体为中大型，高7~20厘米，群生

未开伞前菌盖圆柱形

开伞后菌盖钟形且盖缘有黑色液体

黑木耳

别名：黑菜、桑耳、本菌、树鸡、木蛾、木茸、光木耳

科属：木耳科木耳属

分布：我国大部分省份

形态特征

→ 子实体丛生，常屋瓦状叠生；子实体胶质，浅圆盘形、耳形或不规则形，直径5~10厘米，新鲜时柔软有弹性，半透明，干后收缩变硬为角质状；子实层里面光滑或略有皱纹，红褐色或棕褐色，干后变深褐色或黑色。

生长环境

→ 夏秋季丛生于栎树、杨树、榕树、槐树等阔叶树的腐木上。

食用部位

→ 子实体。

食用方法

→ 黑木耳是一种营养丰富的食用菌。新鲜黑木耳质软味鲜，滑嫩爽口，可以凉拌，也可以炒食，如黑木耳炒鸡蛋、黑木耳炒莲藕等，也可以炖汤或煲糖水，如黑木耳白果炖鸡汤、黑木耳红枣米仁甜汤等，既滋补又美味。

药用功效

→ 黑木耳可以入药，味甘性平，具有滋补强身、养血健胃、益气润肺、镇静止痛的功效，适用于腰腿疼痛、手足痉挛、痔疮便血和产后虚弱等症。

子实体胶质，浅圆盘形、耳形或不规则形

鲜时柔软，红褐色或棕褐色

干后变深褐色或黑色

黄伞

别名：黄柳菇、多脂鳞伞、柳蘑、黄蘑、柳树菌、黄环锈菌、柳钉

科属：球盖菇科磷伞属

分布：我国黄河流域

形态特征

⊙ 子实体单生或丛生；菌盖直径 5~12 厘米，初半球形，边缘常向内蜷卷，后渐平展，表面有黏液；菌盖金黄色至黄褐色，附有褐色鳞片，中央较密；菌肉白色或淡黄色；菌褶密集，浅黄色至锈褐色，直生或近于弯生；菌柄纤维质，圆柱形，长 5~15 厘米，粗 1~3 厘米，与菌盖同色，下部常弯曲；菌环生于菌柄上部，毛状膜质，易脱落；孢子光滑，椭圆形，锈色。

生长环境

⊙ 多生于黄河流域成片林区的柳树枯木上。

食用部位

⊙ 子实体。

食用方法

⊙ 黄伞富含蛋白质、碳水化合物及多种矿物质元素，营养价值较高。子实体去杂洗净，可以炒食、炖汤或煮肉，黏滑爽口，味道鲜美。

药用功效

⊙ 子实体蛋白质含量较高，入药可以舒筋活血、祛风散寒、补肝益肾。

子实体金黄色至黄褐色，菌盖菌柄上布满黄褐色鳞片

菌盖初半球形，边缘常向内蜷卷，后渐平展

双孢菇

别名： 口蘑、圆蘑菇、洋蘑菇、双孢蘑菇、白蘑菇

科属： 伞菌科蘑菇属

分布： 我国大部分省份

形态特征

● 子实体中等至稍大，菌盖直径 3~15 厘米，初半球形，后渐平展，有时中部略下凹，乳白色或白色，光滑，略干渐变为淡黄色，边缘开裂；菌肉白色，较厚实；菌褶较密，初粉红色，后变褐色或黑色；菌柄圆柱形，粗短，稍弯曲，略有纤毛或近光滑，白色，内部实心；单层菌环生于菌柄中部，白色，膜质，易脱落；担子上生有两个孢子，孢子椭圆形，褐色，较光滑。

生长环境

● 夏秋季生于林中空地上，多群生。

食用部位

● 子实体。

食用方法

● 双孢菇营养丰富，肉质肥厚鲜美，一般人都可以食用。可以炒食，如耗油双孢菇、双孢菇炒肉、双孢菇炒蛋等；也可以用来煲汤或炖肉，如双孢菇排骨汤、双孢菇炖鸡等；还可以制成干品贮存，用时泡发。

药用功效

● 双孢菇味甘性平，具有润肺补脾、理气和胃、镇痛等功效，可以缓解食欲不振、积食不化、关节疼痛等症。

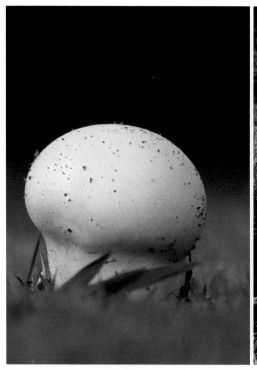

菌盖初半球形，白色或乳白色

菌盖后渐平展，略干渐变淡黄色

蜜环菌

别名： 榛蘑、蜜蘑、蜜环蕈、栎蕈

科属： 小皮伞科蜜环菌属

分布： 我国大部分省份

形态特征

◎ 子实体一般中等大，高约5~15厘米；菌盖肉质，直径约7~9厘米，初扁半球形，渐平展，后下凹，表面蜜黄色或栗褐色，多毛状小鳞片；菌肉白色；菌柄细圆柱形，浅褐色，直径约0.5~2.2厘米，纤维质松软，后中空，基部常膨大；菌柄上部近菌褶处有一较厚的菌环，膜质，松软，幼时为双环，白色带暗色斑点。

生长环境

◎ 夏秋季在针叶树或阔叶树等多种树干基部、根部或倒木上丛生。

食用部位

◎ 子实体。

食用方法

◎ 新鲜子实体去杂洗净，可以炒食、煲汤或炖肉，味道鲜美，具有滋补之效。

药用功效

◎ 子实体可入药，具有祛风平肝、疏经通络、强筋壮骨的功效，可用于辅助治疗腰腿疼痛、失眠、惊风、手足麻木等症。因为蜜环菌富含维生素A，所以经常食用还可以缓解视力减退、夜盲、肌肤干燥缺水等症。

菌盖表面蜜黄色或栗褐色，多毛状小鳞片

菌盖肉质，后期下凹

菌柄细圆柱形，浅褐色，上部生菌环

绣球菌

别名： 绣球菇、绣球蕈

科属： 绣球菌科绣球菌属

分布： 吉林、黑龙江、云南等

形态特征

● 子实体肉质，中等至大型，直径 10~40 厘米，由一个粗壮的柄上生出许多分枝，枝端形成无数瓣片，形似巨大的绣球，白色至污白色或污黄色；瓣片似银杏叶状或扇形，边缘波状，干后颜色变深，质硬而脆；子实层生于瓣片上；孢子卵圆形至球形，光滑无色；柄基部似根状。

生长环境

● 夏秋季散生于云杉、冷杉或松林及混交林中。

食用部位

● 子实体。

食用方法

● 绣球菌是一种高蛋白、低热量的优质食用菌。子实体去杂洗净，可以凉拌，也可以与鸡蛋、青椒等一同炒食，或搭配虫草、海参、花胶等煲汤，还可以作为火锅配菜涮烫而食，肉质柔韧，味道鲜美。

药用功效

● 绣球菌含有大量的 β 葡聚糖、维生素 E 和维生素 C，具有良好的抗肿瘤、抗氧化功效。

子实体肉质，形似绣球，白色至污白色或污黄色

瓣片似银杏叶状或扇形，边缘波状

羊肚菌

别名： 羊肚菜、羊蘑、羊肚蘑、草笠竹、编笠菌

科属： 羊肚菌科羊肚菌属

分布： 西藏、云南、四川、黑龙江、河南、陕西、新疆、甘肃等

形态特征

⊙ 子实体较小或中等。菌盖长 4~6 厘米，宽 4~6 厘米，呈不规则的圆形或长圆形；菌盖表面有许多凹坑，状似羊肚，淡黄褐色，表面与菌柄相连；菌柄长 5~7 厘米，粗 2~2.5 厘米，呈圆筒状，中空，白色，上有纵沟或光滑，基部略膨大。

生长环境

⊙ 春末至秋初多生于海拔 2000~3000 米地区的阔叶林地上及路旁，单生或群生。

食用部位

⊙ 子实体。

食用方法

⊙ 羊肚菌营养丰富，新鲜子实体去杂洗净，可以炒食、煲汤或炖肉，味道鲜美。

药用功效

⊙ 羊肚菌味甘性平，具有健脾开胃、消化助食、化痰理气等功效，对脾胃虚弱、食积气滞、痰多气短、咳喘不止有良好的治疗作用，还可以补肾壮阳、醒神补脑，经常食用能增强体质、预防感冒。

菌盖淡黄褐色，不规则球形，表面多凹坑，似羊肚状

子实体较小或中等

附录

食用野果

　　我们吃野菜，一般吃的是植物的茎、叶、花或（块）根，但是有一些植物，虽然它们的茎、叶、花、根不能食用，但它们的果实可以食用，如无花果、山楂、酸枣、三叶木通等。它们虽然不是野菜，但和野菜一样都是自然生长而非人工栽培的植物，并且也有一定的药用效果，对人体极有益。为了区别于正文所录的食用野菜，姑且称为"食用野果"附录于此。

无花果

别名： 映日果、优昙钵、蜜果、文仙果、奶浆果、品仙果

科属： 桑科榕属

分布： 全国各地

形态特征

⊙ 落叶灌木植物。高 3~10 米，全株具有乳汁；茎多分枝，树皮呈灰褐色，具有明显皮孔，小枝粗壮；叶互生，砂纸质，广卵圆形，长 10~20 厘米，通常 3~5 裂，触感粗糙，基生脉 3~5 条，叶柄粗壮；花为隐头花序，雌雄异株，雄花和瘿花生于同一榕果内壁；榕果单生于叶腋，梨形，成熟时直径 3~5 厘米，有时顶部下陷，紫红色或黄色；花果期 5~7 月。

生长环境

⊙ 喜阳光充足、温暖湿润的环境，耐瘠抗旱，不耐寒，忌水涝。宜生于疏松肥沃、排水良好的砂质壤土或黏质壤土中。

食用部位

⊙ 果实。

食用方法

⊙ 果实成熟后洗净可以直接食用，味甘甜，还可以加工制成无花果干、果脯、果酱、果汁、果茶、果酒、罐头等，食之可以生津止渴、促进消化，老幼皆宜。干果也可以用来炖汤。

药用功效

⊙ 果实未熟时采摘，开水焯后晒干或烘干，具有健胃清肠、促进消化、消肿解毒的功效，可用于食欲不振、脘腹胀痛、痔疮便秘、咽喉肿痛、咳嗽多痰等症。

树皮呈灰褐色，具有明显皮孔

叶互生，砂纸质，广卵圆形，通常 3~5 裂

榕果单生于叶腋，梨形，未熟时青绿色

果实成熟时紫红色或黄色

落叶灌木植物，高3~10米，多分枝

薜荔

别名：凉粉子、木莲、凉粉果、木馒头、秤砣果

科属：桑科榕属

分布：福建、江西、浙江、安徽、江苏、台湾等

形态特征

◎ 攀缘或匍匐灌木植物。叶两型，不结果的枝上生有不定根，叶片薄革质，呈卵状心形，长约 2.5厘米，叶柄很短；结果的枝上无不定根，叶片革质，呈卵状椭圆形，长 5~10 厘米，蜂窝状网脉明显；雄花生于榕果内壁口部，雌花生于另一植株榕果内壁；榕果单生于叶腋，梨形或近球形，直径 3~5 厘米，顶部截平，形似秤砣或窝窝头；花果期 5~8 月。

生长环境

◎ 喜肥沃湿润、排水良好的土壤，耐瘠耐旱，环境适应性很强。多攀附在大树、岩石、断墙残壁、庭院围墙等处。

食用部位

◎ 雌果。

食用方法

◎ 雌果成熟后可以直接食用，民间多用来制作凉粉。果实的果胶含量很高，不需要添加任何物质即可自行凝结，成品晶莹剔透，口感嫩滑，是优质的保健食品。

药用功效

◎ 藤叶可入药，具有祛风利湿、抗炎解毒、活血止痛的功效，可用于辅助治疗风湿骨痛、腹泻痢疾、跌打损伤、痈疮肿毒等症。

不结果的枝上叶片薄革质，卵状心形，叶柄很短

榕果近球形，顶部截平，形似秤砣或窝窝头

桑树

别名： 白桑、荆桑、山桑、葫芦桑、山桑条

科属： 桑科桑属

分布： 我国南北各地

形态特征

◎ 乔木或灌木植物。高 3~10 米或更高，树冠倒卵圆形；树皮粗糙质厚，淡灰色，生有不规则纵裂纹；叶片呈广卵形或倒卵圆形，叶缘有粗钝锯齿，长 5~15 厘米；单性花腋生，与叶同时生出；雄花序下垂，淡绿色，密被白色柔毛，长 2~3.5 厘米；雌花序长 1~2 厘米，被毛；聚花果呈卵状椭圆形，成熟时紫红色或紫黑色，味甜多汁，长 1~2.5 厘米；花期 4~5 月，果期 5~8 月。

生长环境

◎ 喜光照充足、温暖湿润的环境，稍耐阴，耐旱耐瘠薄，不耐涝。对土壤要求不太严格，环境适应性比较强。

食用部位

◎ 果实。

食用方法

◎ 桑树的果实即"桑葚"，可以洗净鲜食，也可以用来酿酒或做成果汁、果酱等，味酸甜鲜美；还可以搭配枸杞、蜂蜜制成桑葚膏，有很好的保健养生作用。煮粥时放入适量桑葚果或桑葚汁，可以养胃通便。

药用功效

◎ 根皮、果实和枝条均可入药，具有疏风散热、清肺止咳、平肝明目等功效，可用于风热感冒、肺热咳嗽、痈肿疮疡等症。

叶片呈倒卵圆形或广卵形，叶缘有粗钝锯齿

聚花果呈卵状椭圆形，成熟时紫红色或紫黑色，味甜多汁

东北茶藨子

别名：满洲茶藨子、山麻子、东北醋栗、狗葡萄、灯笼果

科属：虎耳草科茶藨子属

分布：黑龙江、吉林、辽宁、内蒙古、山西、陕西、甘肃等

形态特征

⊙ 落叶灌木植物。高 1~3 米；小枝灰色或灰褐色，树皮条状剥落；叶互生或簇生于短枝上，较宽大，长 5~10 厘米，通常掌状 3 裂，偶尔 5 裂，裂片呈卵状三角形，先端骤尖或渐尖，中裂片稍长于侧裂片，叶缘有不整齐锯齿；总状花序初直立后下垂，长 7~16 厘米，多花密集；花较小，浅黄绿色，花瓣近匙形，长约 1~1.5 毫米，先端圆钝或截形；浆果球形，直径 7~9 毫米，熟时鲜红色；种子多数，较大，圆形；花期 4~6 月，果期 7~8 月。

生长环境

⊙ 多生于北方海拔 300~1800 米的山坡或山谷的针阔叶混交林下或杂木林内。

食用部位

⊙ 果实和种子。

食用方法

⊙ 果实酸甜可口，富含维生素 C 和果胶酸，可以洗净后生食，也可以用来做果脯、果酱、果汁、酿酒等。种子可以榨油食用。

药用功效

⊙ 果实可以入药，味酸、甘，性温，可以疏风解表，常用于治疗感冒。

叶宽大，掌状 3 裂或 5 裂，中裂片稍长于侧裂片

浆果球形，熟时鲜红色

沙枣

别名： 七里香、香柳、刺柳、桂香柳、银柳、银柳胡颓子、红豆

科属： 胡颓子科胡颓子属

分布： 我国西北地区及内蒙古西部

形态特征

⊙ 落叶乔木或小乔木植物。树高 5~10 米，树皮暗褐色至红褐色，枝稠密且有刺，被有银白色鳞片；叶薄纸质，互生，线状披针形或矩圆状披针形，长 3~7 厘米，被有银白色鳞片；花较小，有芳香，常 1~3 朵簇生于小枝叶腋；果实长椭圆形，长 9~12 毫米，幼果密被银白色鳞片，果熟时鳞片脱落呈黄褐色或红褐色；果肉粉质，乳白色；花期 5~6 月，果期 9 月。

生长环境

⊙ 耐盐碱耐瘠薄，抗旱抗风沙，对土壤、气温、湿度等要求不严，环境适应性极强，山地、平原、沙滩、荒漠均能生长。

食用部位

⊙ 果实。

食用方法

⊙ 果肉营养丰富，可以生食、煮食或蒸食。因淀粉含量较高，也可以将果实打成粉掺在面粉内代主食，还可以用来酿果酒、制果醋果酱、做糕点小吃等。

药用功效

⊙ 果实、叶、树皮均可入药。果实可以健脾止泻，能缓解消化不良，还可以治痔疮；叶焙干研碎后加水服用对肺炎有效；树皮可以清热凉血、收敛止痛，常用于慢性气管炎、肠胃不适等症。

果实长椭圆形，熟时多红褐色

花较小，常 1~3 朵簇生于小枝叶腋

叶薄纸质，互生，被有银白色鳞片

沙棘

别名：醋柳、黄酸刺、酸刺柳、黑刺、酸刺

科属：胡颓子科沙棘属

分布：我国华北、西北、西南地区

形态特征

◉ 落叶灌木或乔木植物。植株高1~5米或更高；茎干密布粗大的棘刺，顶生或侧生；幼枝褐绿色，老枝较粗糙，呈灰黑色；纸质单叶通常近似于对生，呈矩圆状披针形或狭披针形，长3~8厘米，叶柄极短；果实圆球形，直径4~6毫米，簇生于枝上，熟时橘红色或橙黄色；种子较小，阔椭圆形至扁卵形，长3~4.2毫米，黑褐色或紫褐色，有光泽；花期4~5月，果期9~10月。

生长环境

◉ 喜光照充足的环境，极耐冷热，极耐贫瘠，忌积水。常生于海拔800~3600米温带地区向阳的山坡、谷地。

食用部位

◉ 果实。

食用方法

◉ 沙棘果富含维生素C，成熟时可以直接生食，也可以制作果胶、果酱、果汁或用来酿酒。

药用功效

◉ 果实可入药，具有化痰止咳、促进消化、活血散淤的功效，可用于咳嗽痰多、消化不良、胃溃疡、跌打损伤等症。

纸质单叶近对生，矩圆状披针形或狭披针形

果实圆球形，熟时橘红色或橙黄色

胡颓子

别名：半春子、甜棒槌、雀儿酥、羊奶子

科属：胡颓子科胡颓子属

分布：江苏、浙江、福建、安徽、江西、湖北、湖南等

形态特征

◎ 常绿直立灌木植物。植株高 3~4 米，具有深褐色短刺，刺顶生或腋生；幼枝密被锈色鳞片，老枝鳞片脱落，黑色有光泽；叶片革质，密生灰白腺点，宽椭圆形或椭圆形，长 5~10 厘米，边缘微皱波状，网状脉在叶面明显，叶背不清晰；花 1~3 朵腋生于锈色短枝上，白色或乳白色，花朵筒状下垂，花瓣 4 枚；果实椭圆形，长 12~14 毫米，表皮密布褐色凸起小斑点，成熟时红色；花期 9~12 月，果期次年 4~6 月。

生长环境

◎ 喜高温湿润的环境，耐寒耐瘠薄，稍耐阴，多生于海拔 1000 米以下的向阳山坡或路旁。

食用部位

◎ 果实。

食用方法

◎ 果实营养丰富，味甘甜，洗净后可以直接生食，也可以用来榨果汁、做水果沙拉或煮甜羹、制果酱、酿酒或熬糖等。

药用功效

◎ 种子、叶和根均可入药。种子可以消食止泻；叶能止咳平喘，可以治肺虚气短；根能祛风利湿、散淤止血，对咯血吐血、风湿关节痛及疮疥有一定的疗效。

叶片革质，椭圆形或宽椭圆形，边缘微皱波状

果实椭圆形，表皮密布褐色凸起小斑点，成熟时红色

柿树

别名：朱果、猴枣

科属：柿科柿属

分布：我国华北、华中、华东、华南地区

形态特征

➡ 落叶大乔木植物。植株高 10~14 米，树冠球形或长球形；树皮深灰色至灰褐色，沟纹较密；纸质叶通常较大，倒卵形或卵状椭圆形，长 5~18 厘米；花雌雄异株，雄花为聚伞花序腋生，雌花花冠钟状，黄白色或略带紫红色；浆果形状不一，球形、扁球形或卵形，幼时绿色，后变黄色、橙黄色，被有白霜，果肉较脆硬，老熟时果肉柔软多汁，呈橙红色或大红色；种子褐色，扁椭圆形；花期 5~6 月，果期 9~10 月。

生长环境

➡ 喜温暖湿润、阳光充足的环境，耐寒耐旱，较耐瘠薄，不耐盐碱，宜生于排水良好的中性土壤中。

食用部位

➡ 果实。

食用方法

➡ 柿果肉厚味甜多汁，可以洗净鲜食，也可以制成柿汁、柿饼、柿子干、柿子醋或用来酿酒，还可以用来制作各种糕饼小吃等。

药用功效

➡ 根、皮、叶、花、果均可入药，具有清热降火、润肺生津、凉血止血等功效，适用于口舌生疮、肺热燥咳、咽干口渴、痔疮便血等症，外用可治痘疮溃烂。

树皮深灰色至灰褐色，沟纹较密

纸质叶通常较大，倒卵形或卵状椭圆形

浆果幼时绿色，被有白霜

熟果橙红色或大红色

晚秋时节，柿叶变红，分外美丽

三叶木通

别名：八月瓜、八月瓜藤、八月楂、甜果木通

科属：木通科木通属

分布：河北、河南、山西、山东、陕西南部、甘肃东南部至长江流域各省

形态特征

⊙ 落叶木质藤本植物。茎皮为黑褐色，上有稀疏的皮孔及小疣点；掌状复叶互生或在短枝上簇生；小叶3片，纸质或薄革质，卵形或阔卵形，长4~7.5厘米，宽2~6厘米；总状花序从短枝上的簇生叶中抽出，上部有15~30朵雄花，下部有1~2朵雌花；雄花萼片3枚，淡紫色，阔椭圆形或椭圆形；雌花萼片3枚，紫褐色，近圆形，开花时广展反折；果长圆形，成熟时灰白色略带淡紫色；种子极多数，扁卵形；花期4~5月，果期7~8月。

生长环境

⊙ 常生于海拔250~2000米的山地沟谷边的疏林中或丘陵的灌丛中。

食用部位

⊙ 果实。

食用方法

⊙ 8月采摘成熟果实，可以直接食用，也可以用来做甜菜或酿酒。

药用功效

⊙ 根、茎和果实均可入药，根具有止咳、调经、补虚的功效，茎主治肝胃气痛、肝郁胁痛、疝气疼痛等症，果实具有疏肝健脾、和胃顺气、生津止渴的功效。

雌花萼片3枚，紫褐色，近圆形

果长圆形，成熟时灰白色略带淡紫色

贴梗海棠

别名： 皱皮木瓜、贴梗木瓜、铁脚梨

科属： 蔷薇科木瓜属

分布： 全国各地

形态特征

● 落叶灌木植物。高可达 2 米，枝条开展，有刺；小枝圆柱形，幼时紫褐色老时黑褐色；叶片卵形至椭圆形，长 3~10 厘米，叶缘具有锐齿；花先于叶开放，2~6 朵簇生于二年生老枝上，花梗极短；花直径 3~5 厘米，多猩红色或淡红色，花瓣近圆形或倒卵形，薄纸质，长 10~15 毫米；果实球形或梨形，直径 3~6 厘米，黄色或淡黄绿色，疏生不明显斑点，味芬芳，果梗极短或无果梗；花期 3~5 月，果期 9~10 月。

生长环境

● 喜光，耐寒耐旱，稍耐阴，忌低洼和盐碱地。环境适应性较强，对土壤要求不严。

食用部位

● 果实。

食用方法

● 成熟果实可以直接食用，但不宜多食；也可以加蜜糖煮食或用来煲汤，能顺气活血。现代多以之入药。

药用功效

● 果实干制后可入药，味酸性温，具有舒筋活络、和胃化湿、镇痛消肿、祛风顺气的功效，可用于缓解腓肠肌痉挛、吐泻腹痛、风湿痹痛、关节不利等症。

花先于叶开放，簇生于二年生老枝上，花梗极短

花瓣近圆形，薄纸质，多淡红色

果实球形或梨形，黄色或淡黄绿色

山楂

别名：山里果、山里红、酸里红、红果、红果子、山林果

科属：蔷薇科山楂属

分布：全国各地

形态特征

⊃ 落叶乔木植物。高可达6米；树皮较粗糙，灰褐色或暗灰色；叶片呈三角状卵形或宽卵形，两侧各有3~5羽状深裂片，略不对称，叶长5~10厘米；多花密集组成伞房花序，直径4~6厘米；花直径约1.5厘米，花冠白色，花瓣5片，近圆形，长7~8毫米；果实深红色，表皮有浅色小斑点，近似于球形，直径1~1.5厘米；果核坚硬，浅褐色，3~5枚，月牙形；花期5~6月，果期9~10月。

生长环境

⊃ 喜光照充足、凉爽湿润的环境，较耐阴，耐旱耐寒。一般分布于海拔100~1500米的山林边、灌木丛中。

食用部位

⊃ 果实。

食用方法

⊃ 山楂果可以生食，如做糖葫芦、榨果汁、制果酱或蜜渍；也可以泡山楂茶、煮山楂粥、煲糖水或蒸食；还可以用山楂来酿酒。炖肉汤或做菜时放进去几颗山楂，能解腻。

药用功效

⊃ 山楂果入药可以消食健胃、活血散淤，适用于食多不化、胃胀胃痛、泻痢腹痛、血淤经闭等症。外用可治冻疮。

叶片三角状卵形或宽卵形，两侧各有3~5羽状深裂片

多花密集组成伞房花序，直径4~6厘米

花冠白色，花瓣 5 片，近圆形

果实深红色，近似于球形，果梗较长

花叶落尽，红色山楂果挂满枝头

石斑木

别名： 春花、雷公树、白杏花、报春花、车轮梅

科属： 蔷薇科石斑木属

分布： 我国华东、华南和西南地区

形态特征

● 常绿灌木或小乔木植物。高可达 3 米；树皮光滑无毛，暗紫褐色或灰褐色；革质叶互生，长椭圆形或倒卵形，长 4~8 厘米，多集生于枝端，先端圆钝或渐尖，基部渐狭，叶缘有疏齿，网脉明显；短圆锥花序或总状花序生于枝顶，花梗长 5~15 毫米，被有锈色绒毛；花较小，花冠白色或淡红色，花瓣 5 枚，披针形或倒卵形，长 5~7 毫米；果实较小，熟时蓝黑色，近球形，直径约 5 毫米，果梗粗短；花期 4 月，果期 7~8 月。

生长环境

● 喜光，耐热耐寒，耐水湿，耐盐碱，抗风。多生于海拔 150~1600 米的阔叶林或疏林中。

食用部位

● 果实。

食用方法

● 果实营养丰富，成熟后可以洗净生食，也可以榨成果汁或做成果酱，还可以搭配其他时蔬瓜果做成沙拉。

药用功效

● 根和叶可以入药，全年可采。具有消肿止痛的功效，可用于辅助治疗关节旧伤作痛、跌打损伤、关节炎等症。

革质叶互生，长椭圆形或倒卵形

短圆锥花序或总状花序生于枝顶

小花白色或淡红色，花瓣 5 枚

蓬蘽

别名：覆盆、陵蘽、阴蘽、割田藨、寒莓、寒藨

科属：蔷薇科悬钩子属

分布：广东、江西、安徽、江苏、浙江、福建、台湾、河南等

形态特征

◐ 灌木植物。高 1~2 米，枝褐色或红褐色，被有柔毛，生有稀疏的皮刺；小叶 3~5 枚，多为绿色，偶有紫色，宽卵形或卵形，长 3~7 厘米，顶端骤尖，顶生小叶比侧生小叶稍大，叶脉清晰，叶柄有柔毛及腺毛；花多单生于侧枝的顶部或腋生，花较大，直径 3~4 厘米，花梗长 2~6 厘米；花冠白色，花瓣 5 片，近圆形或倒卵形，基部有爪；果实近球形，中空，直径 1~2 厘米，熟时深红色，无毛；花期 4 月，果期 5~6 月。

生长环境

◐ 常生于海拔 1500 米以下的背阴山坡、路旁的阴湿处或灌丛中。

食用部位

◐ 果实。

食用方法

◐ 果实形似草莓而较小，成熟时鲜红多汁，味道酸甜，可以洗净后直接生食，也可以用来制作果汁、果酱、水果沙拉等。

药用功效

◐ 全株及根均可入药，味甘、酸，性温，无毒。具有消炎解毒、补肾益精、活血祛湿的功效，可用于辅助治疗痈疽不愈、阳痿不育、须发早白、喘急气短、手足冰冷等症。

花冠白色，花瓣 5 片，倒卵形或近圆形

果实近球形，中空，熟时深红色

火棘

别名：火把果、救军粮、红子刺、吉祥果

科属：蔷薇科火棘属

分布：我国黄河以南及广大西南地区

形态特征

⊙ 常绿灌木或小乔木植物。植株高达 3 米；主干直立，侧枝拱形下垂，密被短刺；单叶互生，叶片革质，倒卵状长圆形或倒卵形，长 1.5~6 厘米，叶缘具有疏钝齿，两面无毛，叶柄较短；多花密集组成复伞房花序，直径 3~4 厘米，具有花 10~22 朵，花梗长约 1 厘米，几乎无毛；花较小，花瓣 5 片，白色，近圆形，长约 4 毫米；果实近球形，直径约 5 毫米，密集呈穗状，熟时深红色或橘红色；花期 3~5 月，果期 8~11 月。

生长环境

⊙ 喜强光，耐瘠耐旱不耐寒，适应性强，对土壤要求不严，中性或微酸性壤土皆宜。

食用部位

⊙ 果实。

食用方法

⊙ 果实营养丰富，全年可采摘，可以直接生食，也可以制成果汁、果酱等。

药用功效

⊙ 果实、根、叶均可入药，味甘、酸，性平，具有消积止泻、清热解毒、活血止血的功效，可用于辅助治疗消化不良、肠炎痢疾、骨蒸潮热、筋骨疼痛、跌打损伤等症。

革质单叶互生，多倒卵形，叶缘具有疏钝齿

小白花密集组成复伞房花序

果实近球形，熟时深红色或橘红色

酸枣

别名：小酸枣、山枣、棘

科属：鼠李科枣属

分布：新疆、山西、河北、河南、陕西等

形态特征

○ 落叶灌木或小乔木植物。植株高 1~4 米，老枝紫褐色，多分枝，枝上多刺，分针形刺与反钩刺两种；小型叶互生，叶片呈卵状披针形或椭圆形，长 1.5~3.5 厘米，叶缘生有细锯齿，3 条叶脉，叶柄极短；小花通常 2~3 朵簇生于叶腋，黄绿色，花瓣 5 片，与萼互生；果实较小，近球形，幼时青绿色，熟时暗红色，果皮光滑、较厚，味酸；花期 6~7 月，果期 8~9 月。

生长环境

○ 喜温暖干燥的环境，忌水涝，对土壤要求不严，多生于海拔 1700 米以下的山地或丘陵的野坡、荒地、路旁等处。

食用部位

○ 果实。

食用方法

○ 成熟的新鲜酸枣含大量的维生素 C，可以直接食用，也可以用来煮粥、榨果汁或酿酒，还可以加工成酸枣粉、酸枣片等。

药用功效

○ 种仁可入药，味甘、酸，性平，具有补肝益气、宁心安神、敛汗止汗、健脾和胃的功效，可用于虚烦不眠、惊悸怔忡、自汗盗汗、体倦乏力、脾胃虚弱等症。

小乔木类的酸枣树

果实较小，近球形，果皮光滑

百香果

别名：西番莲果、热情果、西番果、鸡蛋果

科属：西番莲科西番莲属

分布：广西、广东、福建、海南、云南、台湾等

形态特征

● 草质藤本植物。藤长约6米，茎具有细纵纹，无被毛；单叶纸质，长6~13厘米，多掌状3深裂，裂片边缘具有细锯齿；聚伞花序退化，仅存1朵花，直径约4厘米，与卷须对生；花芳香，花冠裂片4~5轮，外3轮花瓣窄三角形，内2轮裂片丝状，与花瓣几乎等长，基部淡绿色，中部紫色，顶部白色；浆果呈卵球形，直径3~4厘米，光滑无毛，熟时紫红色；种子多数，卵形，长5~6毫米；花期6月，果期11月。

生长环境

● 多分布于热带和亚热带地区，有时逸生于海拔180~1900米的山谷丛林中。

食用部位

● 果实。

食用方法

● 果实营养丰富，可以生食或作蔬菜食用。浆果汁液充沛，加入重碳酸钙和糖，可以制成芳香可口的饮料。

药用功效

● 根、茎、叶均可入药，具有镇静止痛、活血强身、滋阴补肾、降脂减压、提神醒脑、消除疲劳、美容养颜、增强免疫力等保健作用。

外3轮花瓣窄三角形，内2轮裂片丝状

浆果呈卵球形，光滑无毛，熟时紫红色

杨梅

别名: 圣生梅、白蒂梅、树梅

科属: 杨梅科杨梅属

分布: 我国华东地区及湖南、广东、广西、贵州等

形态特征

● 常绿乔木植物。高可达15米,老树树冠圆球形,树皮灰色,具有纵向浅裂;叶片革质,无毛,常密生于小枝上端,多楔状披针形或楔状倒卵形,中脉在叶背明显凸起,叶柄较短;花雌雄异株,雄花序呈圆柱状,单生或数条丛生于叶腋,长1~3厘米;雌花序多单生于叶腋,比雄花序略短小;核果球状,密生乳头状凸起,直径1~1.5厘米,外果皮肉质,味酸甜,熟时深红色或紫红色;花期4月,果期6~7月。

生长环境

● 喜酸性土壤,较耐阴,多生于海拔125~1500米的低山丘陵的向阳山坡和山谷中。

食用部位

● 果实。

食用方法

● 果实味道酸甜适中,既可以直接食用,又可以加工成杨梅干、杨梅果酱、蜜饯等,还可以用来酿酒。

药用功效

● 果实、树皮和根均可入药,味甘、酸,性温。具有生津解渴、和胃理气、止血治痢、化淤止痛的功效,可用于头痛不止、肠胃不适、痔疮便血以及外伤出血等症。

叶片革质,无毛,常密生于小枝上端

花序呈圆柱状,腋生

核果球状,密生乳头状凸起

石榴

别名：安石榴、山力叶、丹若、若榴木、金庞、涂林、天浆

科属：石榴科石榴属

分布：我国南北各地

形态特征

◎ 落叶灌木或小乔木植物。植株高可达 7 米，树干灰褐色，多瘤状凸起；纸质叶多簇生，呈长披针形或矩圆状披针形，长 2~8 厘米，叶柄较短；花两性，有钟状花和筒状花之别，前者结果，后者常凋落不实；花较大，有单瓣和重瓣之分，一般 1~5 朵着生于枝端叶腋间；花多为红色，花瓣倒卵形呈覆瓦状排列；浆果近球形，外种皮肉质，成熟时呈鲜红色、淡红色或白色，多室多籽，酸甜多汁；花期 5~6 月，果期 9~10 月。

生长环境

◎ 喜温暖向阳的环境，耐旱耐寒耐瘠薄，忌水涝和荫蔽。多生于海拔 300~1000 米的向阳坡地。

食用部位

◎ 果实。

食用方法

◎ 果粒酸甜多汁，营养丰富，维生素 C 和 B 族维生素的含量也较高，可以剥皮剖籽鲜食，也可以榨汁或酿酒。

药用功效

◎ 叶、皮、花、果均可入药，味甘、酸、涩，性温。具有清热解毒、生津止渴、平肝止血、涩肠止泻、抗菌消炎的功效，适用于扁桃体炎、口燥咽干、便血崩漏、久泻不止、风疮疥癣等症。

纸质叶多簇生，呈长披针形或矩圆状披针形

不会结果的钟状花

可以结果的筒状花

浆果近球形，外种皮肉质，成熟时红色

树干灰褐色，多瘤状凸起

荚蒾

别名： 槃迷、槃蒾、酸汤杆、苦柴子

科属： 忍冬科荚蒾属

分布： 浙江、江苏、山东、河南、陕西、河北等

形态特征

⊙ 落叶灌木植物。高 1.5~3 米，当年生小枝密被土黄色短粗毛，二年生小枝暗紫褐色，几乎无毛；纸质单叶对生，多倒卵形或宽卵形，长 3~10 厘米，叶缘有尖齿，叶脉清晰；多花密集形成复伞形式的聚伞花序，直径 4~10 厘米；小花白色，直径约 5 毫米，裂片 5 枚，圆卵形；果实熟时红色，椭圆状卵圆形，长 7~8 毫米；核扁卵形，长 6~8 毫米；花期 5~6 月，果熟期 9~11 月。

生长环境

⊙ 喜光照充足、温暖湿润的环境，耐阴耐寒，对土壤要求不严，适应性较强。多生于海拔 100~1000 米的山坡、山谷、林缘及低矮灌丛中。

食用部位

⊙ 果实和嫩枝的汁液。

食用方法

⊙ 果实成熟后可以直接食用，也可以用来酿酒。煮粥时滴入荚蒾嫩枝条的汁液，别有风味，可杀小儿蛔虫。

药用功效

⊙ 枝、叶均可入药，味酸性凉，可以清热解毒、疏风解表，多用于疔疮发热、风热感冒等症，外用可治过敏性皮炎。根也可入药，味辛、涩，性凉，可以祛淤消肿，常用于瘰疬、跌打损伤等症。

果实熟时红色，椭圆状卵圆形

纸质单叶对生，多倒卵形或宽卵形

多花密集形成复伞形式的聚伞花序

山茱萸

别名： 山萸肉、肉枣、鸡足、萸肉、药枣、天木籽、实枣儿

科属： 山茱萸科山茱萸属

分布： 陕西、甘肃、山西、河南、山东、江苏、浙江、安徽等

形态特征

● 落叶乔木或灌木植物。植株高 4~10 米；树皮灰褐色，多片状剥落；纸质叶对生，绿色无毛，卵状椭圆形或卵状披针形，长 5~10 厘米，全缘，叶脉明显；伞形花序侧生，总花梗较粗壮；花两性，较小，先于叶开放；花冠黄色，花瓣 4 枚，舌状披针形，长约 3 毫米，微反卷；核果熟时红色至紫红色，长椭圆形，长 1.2~1.7 厘米；果核骨质，狭长椭圆形，长约 1 厘米；花期 3~4 月，果期 9~10 月。

生长环境

● 喜光照充足的环境，较耐阴，能抗寒，多生于海拔 400~1800 米的山坡中下部的林缘或森林中。

食用部位

● 果实。

食用方法

● 果实富含氨基酸，成熟后可以直接洗净生食，味酸涩，果肉薄，口味不佳，荒年可充饥。现在多被加工成果汁、果酱、蜜饯及罐头等绿色保健食品。

药用功效

● 成熟干燥的果实可入药，称为"山萸肉"，味酸涩，性微温，具有补益气血、固肾涩精、利尿止汗的功效，可用于肝肾不足引起的腰膝酸痛、耳鸣头晕、阳痿遗精、大汗虚脱、内热消渴等症。

黄色小花组成的伞形花序侧生，先于叶开放

核果熟时红色至紫红色，长椭圆形

酸角

别名： 通血图、通血香、木罕、曼姆、罗望子、酸饺、酸豆、甜目坎

科属： 豆科酸豆属

分布： 云南、福建、广东、广西、四川等

形态特征

⊙ 常绿乔木植物。高 6~25 米，树冠伞形；树皮灰褐色，具有不规则裂纹；偶数羽状复叶互生，有小叶 7~20 对，叶片矩圆形，长 1~2.4 厘米，全缘，无被毛；两性花，总状花序腋生或圆锥花序顶生；花瓣 5 片，上面 3 片较大，黄色，有紫褐色条纹，下面 2 片较小，黄白色；荚果较大，长 7~20 厘米，长直或微弯，外果皮硬壳质，褐色，中果皮肉质肥厚，可食；种子近长方形，黄褐色；花期 5~6 月，果期 8~12 月。

生长环境

⊙ 喜光照充足的环境，耐干旱，适宜炎热气候，多分布于海拔 50~1350 米的干热河谷地带。

食用部位

⊙ 果实。

食用方法

⊙ 酸角的果肉营养丰富，除直接生食外，还可以加工成果汁、果冻、果糖、果酱、果粉、果脯等饮料和食品，风味独特，酸甜可口。

药用功效

⊙ 果实可入药，味酸性寒。其果肉含有大量的酒石酸，具有消暑解热、化积消滞的功效，可用于暑热伤津、食欲不振、妊娠呕吐、积食不化、大便燥结等症。

树皮灰褐色，具有不规则裂纹

偶数羽状复叶互生，有小叶 7~20 对，叶片矩圆形

黄白色花瓣 5 片，上面 3 片较大且有紫褐色条纹

英果较大，长直或微弯

常绿乔木，高 6~25 米，树冠伞形

银杏

别名： 白果、公孙树、鸭脚树、蒲扇

科属： 银杏科银杏属

分布： 山东、浙江、江西、安徽、广西、湖北、四川、江苏、贵州等

形态特征

➡ 落叶大乔木植物。幼时及壮年树冠呈圆锥形，老则广卵形；大树树皮灰褐色，具有不规则纵裂，粗糙；叶片扇形，在长枝上散生，在短枝上 3~5 枚簇生，叶柄细长，叶脉二歧状分叉；球状花雌雄异株，单性，簇生于短枝顶端的鳞片状叶的腋内；种子具有长梗，常俯垂，多为长倒卵形、椭圆形或卵圆形，长 2.5~3.5 厘米，假种皮骨质，外被白粉，常具有 2 条纵棱；4 月开花，10 月成熟。

生长环境

➡ 喜适度湿润的环境，较耐旱，不耐积水，宜生于排水良好的微酸性黄壤土中，多生于海拔 500~1000 米的天然林中。

食用部位

➡ 果实。

食用方法

➡ 种子俗称"白果"，主要可以用来炒食、烤食、煮食或制作糕点、蜜饯、罐头、饮料等。银杏仁有小毒，食前需谨慎处理，且不宜大量进食。

药用功效

➡ 果仁可入药，味甘、苦、涩，性平，有小毒，具有温肺益气、降痰下火、杀菌消毒的功效，可用于哮喘、肺结核、咳嗽多痰、痈肿疮毒等症。

老树树冠广卵形

大树树皮灰褐色，具有不规则纵裂，粗糙

扇形叶叶柄细长，叶脉二歧状分叉

种子具有长梗，常俯垂，外被白粉

银杏落叶铺地，一片金黄，极具观赏价值

本书植物名称按拼音索引